高等学校大类招生改革基础课程规划教材

常微分方程与解析几何

孙　兵　毛京中　朱国庆　姜海燕　编

机械工业出版社

本书涵盖高等数学课程中的常微分方程和解析几何两个模块内容。第一章给出微分方程的一些基本概念，随后给出几种常用微分方程的解法及常微分方程的应用。第二章从建立空间直角坐标系出发，引进向量工具，讨论平面与直线、空间曲面与空间曲线等内容。

本书内容精练，重点突出，论述严谨，可读性强，可作为高等院校大类招生、大类培养模式下选取数学分析教材作为高等数学课程教材的配套用书，也可作为高等数学学习的自学用书和参考教材。

图书在版编目(CIP)数据

常微分方程与解析几何/孙兵等编．—北京：机械工业出版社，2018.9(2023.7 重印)

高等学校大类招生改革基础课程规划教材

ISBN 978-7-111-60453-2

Ⅰ.①常…　Ⅱ.①孙…　Ⅲ.①常微分方程－高等学校－教材②解析几何－高等学校－教材　Ⅳ.①O175.1②O182

中国版本图书馆 CIP 数据核字(2018)第 163249 号

机械工业出版社(北京市百万庄大街 22 号　邮政编码 100037)

策划编辑：韩效杰　　责任编辑：韩效杰　汤　嘉

责任校对：刘　岚　王　延　封面设计：鞠　杨

责任印制：邓　博

北京盛通商印快线网络科技有限公司印刷

2023 年 7 月第 1 版第 5 次印刷

184mm×260mm・7.75 印张・195 千字

标准书号：ISBN 978-7-111-60453-2

定价：25.00 元

电话服务　　网络服务

客服电话：010-88361066　　机　工　官　网：www.cmpbook.com

010-88379833　　机　工　官　博：weibo.com/cmp1952

010-68326294　　金　　书　　网：www.golden-book.com

机工教育服务网：www.cmpedu.com

前 言

党的二十大报告指出,“教育、科技、人才是全面建设社会主义现代化国家的基础性、战略性支撑”“加强基础学科、新兴学科、交叉学科建设,加快建设中国特色、世界一流的大学和优势学科”,具有重要的战略指导意义。

目前,大类招生已成为国内高校招生着重强调的招生和培养模式。宽口径招生按大类培养也符合我国高考改革按专业录取的整体发展趋势。大类招生以同一学科和相近学科专业通识教育为基础,成为一种新的人才培养模式。作为中国高等教育改革当下的一个重要趋势,大类招生、大类培养是高校未来招生和培养制度改革的必然选择。

新的体制需要有相应的配套设施,这包括新的体制下的配套基础教材建设、教师授课任务予以调整的机制。然而,在当前的大类招生培养中,不少高校把通识课和专业课分割得太清楚,要么是“大通识”,进入专业时间漫长;要么是“大专业”,通识教育时间少。基于此矛盾需要我们多做探索,更好地兼顾通识和专业,让大类招生、大类培养更趋完善。实行大类招生培养,本质上是以学生为中心的教学改革,因为学生未来有更多机会按照自己的兴趣和特长选择专业。能够选择更擅长、更喜欢的专业去学习,有利于学生生发出更强的学习主动性和积极性,这一点符合大学教育的基本原理。业界迫切需要更适应大类招生、大类培养模式下的新型教材的编写与建设。

传统的高等数学课程主要包括微积分的基本知识、向量代数与空间解析几何、常微分方程。微积分是文艺复兴和科技革命以来最伟大的创造,被誉为人类精神的最高胜利。解析几何是学习多变量微积分的重要准备,其知识结构也自成体系。常微分方程作为微积分的重要应用之一,它的形成与发展是和力学、天文学、物理学,以及其他科学技术的发展密切相关的。在新的培养模式下,理工科的学生入校后要进行高等数学的学习,这其中包括一部分后来在高年级要进入数学系学习的学生,为了让这部分学生在进入到专业学习时打好牢固的数学分析基础,同时也为了大部分将来不以数学为专业的学生也能掌握较深的数学基础知识,从而有利于对本专业的学习,我们选取数学分析教材作为大类培养模式下学生的高等数学教材。然而,原有的数学分析教材不包括常微分方程和解析几何部分,我们需要将这两部分内容补充到高等数学课堂里去。

将常微分方程与解析几何合并出书,结合数学系的数学分析给出大类培养模式下理工科高等数学课程教材,这在高校还是首次。本书作为大类招生改革基础课程规划教材,是我们结合多年的教学实践经验,在高等院校大类培养模式教学改革推动下的一次尝试。目的是给出一套新的、符合当前培养模式的高等数学配套教材。

进一步,为深入落实人才强国战略,培养造就大批德才兼备的高素质人才,本教材在前言部分和每一章都放置了与教材内容相关性较高的课程思政视频,引导学习者爱党报国、敬业奉献、服务人民，坚定历史自信、文化自信。在学习时，利用手机或平板电脑扫描教材预留的二维码可以观看相关的视频资源。

在使用本书的过程中，读者若有任何建议或意见，可以给我们发电子邮件（sun345@bit. edu. cn）联络反馈，在此提前表示感谢。教材及习题全解的勘误信息也可以一并获得（也可以登录我的个人教学主页获取：https://sunamss. github. io/teaching. html）。另外，本教材还配有可供教学使用的电子课件，欢迎教师朋友们索取。我们可以根据要求提供数字教学资源。

我们想通过改革研究和实践，得出一套大类培养模式下高等数学课程新体系、新教学方案，使学生在这一方案的培养下，熟练掌握高等数学基本知识、基本思想、基本技能，增强应用数学分析问题的能力，激活学生自主探究高等数学的兴趣。

本书的完成，得到了许多人员的热情支持和无私帮助。特别感谢北京理工大学的田玉斌教授、蒋立宁教授、李炳照教授的指导和帮助。

限于编者水平，书中定有不少错误和不妥之处，恳请读者不吝批评指正。

孙　兵　毛京中　朱国庆　姜海燕

北京理工大学

2018 年 6 月

目　录

第一章 常微分方程

为了研究事物的运动变化情况，建立变量之间的函数关系具有重要的意义. 在有些问题中，并不能直接找出所需要的函数关系，但是根据一些基本的科学原理或问题所提供的情况可以得到未知函数及其导数所满足的等式，这种等式被称为微分方程. 微分方程的应用极为广泛，是解决各类实际问题的重要工具，也是对各种客观现象进行数学抽象，建立数学模型的重要方法.

歼击机

微分方程本身是一门独立的、内容十分丰富的数学课程，本章只能介绍微分方程的一些基本概念和几种常用的微分方程的解法.

第一节 微分方程的基本概念

我们结合具体的例子来说明有关微分方程的基本概念.

例 1 已知一条曲线通过点(1,3)，且在该曲线上任一点处切线的斜率为 $4x$，求该曲线的方程.

解 设所求曲线为 $y=y(x)$，根据导数的几何意义及题设，有

$$\frac{\mathrm{d}y}{\mathrm{d}x}=4x, \tag{1}$$

而且 $y=y(x)$ 应满足条件

$$y|_{x=1}=3, \tag{2}$$

将式(1) 两端积分，得

$$y=2x^2+C,$$

将条件式(2) 代入上式，得 $3=2+C$，解得 $C=1$，故所求曲线的方程为

$$y=2x^2+1.$$

例 2 设一质量为 m 的物体，受重力作用由距离地面高 h_0 处下落，设其初速度为 0，并忽略空气阻力和其他外力的作用(这时称为自由落体)，求物体的运动规律，即求物体的高度随时间变化的函数关系.

解 如图 1-1 所示建立坐标系，设物体在 t 时刻的高度为 $h=h(t)$，则物体在 t 时刻的速度为 $v=\frac{\mathrm{d}h}{\mathrm{d}t}$，加速度为 $a=\frac{\mathrm{d}^2h}{\mathrm{d}t^2}$. 物体受重力而下落，根据牛顿第二定律

$$ma=F,$$

得

$$m\frac{\mathrm{d}^2h}{\mathrm{d}t^2}=-mg,$$

图 1-1

即
$$\frac{\mathrm{d}^2h}{\mathrm{d}t^2}=-g, \tag{3}$$
且 $h(t)$ 满足条件
$$h|_{t=0}=h_0,\quad \left.\frac{\mathrm{d}h}{\mathrm{d}t}\right|_{t=0}=0, \tag{4}$$
将式(3) 积分两次，得
$$\frac{\mathrm{d}h}{\mathrm{d}t}=-gt+C_1,$$
$$h=-\frac{1}{2}gt^2+C_1t+C_2,$$
将条件式(4) 代入上面两式，得 $C_1=0$，$C_2=h_0$，因此有
$$h=-\frac{1}{2}gt^2+h_0.$$

上面两个例子中的式(1) 和式(3) 都含有未知函数的导数，它们都被称为微分方程. **一般地，称含有未知函数的导数(或微分)的方程为微分方程. 如果微分方程中的未知函数是一元函数，则称该方程为常微分方程.**

微分方程中所出现的未知函数的最高阶导数的阶数叫作微分方程的阶. 例如，方程(1)是一阶微分方程，方程(3)是二阶微分方程.

满足微分方程的函数称为该方程的解. 即如果把某个函数以及它的导数(或微分)代入微分方程，能使它成为恒等式，则这个函数称为该微分方程的解. 例如，例 1 中的 $y=2x^2+C$ 和 $y=2x^2+1$ 都是微分方程 $\frac{\mathrm{d}y}{\mathrm{d}x}=4x$ 的解. 例 2 中的 $h=-\frac{1}{2}gt^2+C_1t+C_2$ 和 $h=-\frac{1}{2}gt^2+h_0$ 都是微分方程 $\frac{\mathrm{d}^2h}{\mathrm{d}t^2}=-g$ 的解.

如果微分方程的解中含有任意常数，且任意常数的个数与微分方程的阶数相同，这样的解叫作微分方程的通解. 例如，$y=2x^2+C$ 是微分方程 $\frac{\mathrm{d}y}{\mathrm{d}x}=4x$ 的通解，$h=-\frac{1}{2}gt^2+C_1t+C_2$ 是微分方程 $\frac{\mathrm{d}^2h}{\mathrm{d}t^2}=-g$ 的通解. **如果微分方程的解不含有任意常数，这样的解叫作微分方程的特解.** 例如，$y=2x^2+1$ 是微分方程 $\frac{\mathrm{d}y}{\mathrm{d}x}=4x$ 的特解，$h=-\frac{1}{2}gt^2+h_0$ 是微分方程 $\frac{\mathrm{d}^2h}{\mathrm{d}t^2}=-g$ 的特解.

微分方程的通解反映了由该方程所描述的某一类运动过程的一般变化规律，要确定某一具体运动过程的特定规律，即确定微分方程的某一特解，必须根据问题的具体情况，提出一定的附加条件，这些附加条件叫作定解条件. 如果定解条件反映了运动的初始状态或曲线在某一点的特定状态，这样的定解条件称为**初始条件**. 例如，例 1 中的 $y|_{x=1}=3$ 和例 2 中的 $h|_{t=0}=h_0$，$\left.\frac{\mathrm{d}h}{\mathrm{d}t}\right|_{t=0}=0$ 都是能确定

特解的初始条件.

一般地,n 阶微分方程可以表示成

$$F(x,y,y',\cdots,y^{(n)})=0, \tag{5}$$

它的初始条件的形式为

$$y|_{x=x_0}=y_0,\quad y'|_{x=x_0}=y_1,\quad y''|_{x=x_0}=y_2,\quad \cdots,$$
$$y^{(n-1)}|_{x=x_0}=y_{n-1}, \tag{6}$$

其中 $y_0,y_1,y_2,\cdots,y_{n-1}$ 都是已知实数.

求微分方程(5)的满足初始条件(6)的特解,这一问题叫作微分方程的初值问题或柯西问题.

例 3 求下列曲线族所满足的微分方程:

(1) $y=\dfrac{1}{x+C}$ (C 是任意常数);

(2) $(x-a)^2+(y-b)^2=4$ (a,b 是任意常数).

解 (1) 对所给函数求导,得

$$y'=-\frac{1}{(x+C)^2},$$

与已知函数联立消去任意常数 C,得

$$y'=-y^2,$$

此即所要求的微分方程,而已知函数是它的通解;

(2) 为消去任意常数 a,b,需要三个方程. 由已知方程两端对 x 求两次导数,得

$$2(x-a)+2(y-b)y'=0,$$

即

$$x-a+(y-b)y'=0,$$
$$1+(y')^2+(y-b)y''=0,$$

由上面两式分别得

$$x-a=-(y-b)y',$$
$$y-b=-\frac{1+(y')^2}{y''},$$

代入已知方程,得

$$\left(\frac{1+(y')^2}{y''}y'\right)^2+\left(\frac{1+(y')^2}{y''}\right)^2=4,$$
$$[1+(y')^2]^3=4(y'')^2,$$

此即所要求的微分方程,而已知方程是它的隐函数形式的通解.

习题 1-1

1. 指出下列微分方程的阶数:

(1) $y''-2y=x$;

(2) $x(y')^2-2yy'=0$;

(3) $(7x-6y)\mathrm{d}x+(x+y)\mathrm{d}y=0$;

(4) $y'''+8y'+y=0$.

2. 验证给定的函数是所给微分方程的解：

(1) $(x-2y)y'=2x-y, x^2-xy+y^2=C$;

(2) $(xy-x)y''+x(y')^2+yy'-2y'=0, y=\ln(xy)$;

(3) $\begin{cases} x\dfrac{\mathrm{d}y}{\mathrm{d}x}-y=x^2\sqrt{1+x^4}, \\ y(0)=0, \end{cases} \quad y=x\int_0^x\sqrt{1+t^4}\,\mathrm{d}t$;

(4) $\begin{cases} 2xy\mathrm{d}y=(y^2-x)\mathrm{d}x, \\ y(1)=2, \end{cases} \quad y^2=4x-x\ln x$;

(5) $\begin{cases} \dfrac{\mathrm{d}^2y}{\mathrm{d}x^2}-4y=0, \\ y(0)=1, y'(0)=4, \end{cases} \quad y=\dfrac{1}{2}(3\mathrm{e}^{2x}-\mathrm{e}^{-2x})$.

3. 建立由下列条件确定的曲线所满足的微分方程：

(1) 曲线在点(x,y)处切线的斜率等于该点横坐标的平方；

(2) 从原点到曲线上任一点处切线的距离等于该点的横坐标；

(3) 曲线上点$P(x,y)$处的法线与x轴的交点为Q，且线段PQ被y轴平分；

(4) 曲线上点$P(x,y)$处的切线与y轴的交点为Q，线段PQ的长度为2，且曲线通过点$(2,0)$；

(5) 曲线上点$M(x,y)$处的切线与x轴，y轴的交点分别为P，Q，线段PM被点Q平分，且曲线通过点$(3,1)$.

第二节 一阶微分方程

由上一节我们看到，有些微分方程可以用直接积分的方法求得其解，但是并非所有的微分方程都能这样求解. 下面介绍几种一阶微分方程及其解法.

一、可分离变量的方程

形如
$$\frac{\mathrm{d}y}{\mathrm{d}x}=f(x)g(y) \tag{1}$$
的一阶微分方程称为可分离变量的方程，其中$f(x)$和$g(y)$是已知的连续函数.

对这类方程，当$g(y)\neq 0$时，可以化成
$$\frac{\mathrm{d}y}{g(y)}=f(x)\mathrm{d}x, \tag{2}$$
这一步称为分离变量. 设函数$y=y(x)$是微分方程(1)的任一解，将它代入上式，得
$$\frac{y'(x)}{g(y(x))}\mathrm{d}x=f(x)\mathrm{d}x,$$

两端对 x 积分，得

$$\int \frac{y'(x)}{g(y(x))}\mathrm{d}x = \int f(x)\mathrm{d}x,$$

即

$$\int \frac{\mathrm{d}y}{g(y)} = \int f(x)\mathrm{d}x, \tag{3}$$

由此可以得到微分方程的通解，如此求微分方程解的方法称为**分离变量法**.

如果方程 $g(y)=0$ 有实根 $y=a$，则函数 $y=a$ 显然是微分方程(1)的特解，当这个特解不包含在通解的表达式中时，将其称为奇解，此时 $y=a$ 与方程的通解合在一起便是微分方程的全部解. 如果问题只需求微分方程的通解，则不必讨论奇解.

例 1 求方程 $y'=\sqrt{y}$的通解.

解 当$\sqrt{y}\neq 0$ 时，将微分方程分离变量，得

$$\frac{\mathrm{d}y}{\sqrt{y}} = \mathrm{d}x,$$

两端积分，得

$$\int \frac{\mathrm{d}y}{\sqrt{y}} = \int \mathrm{d}x, \quad 2\sqrt{y} = x + C,$$

即

$$y = \frac{1}{4}(x+C)^2,$$

此即所求微分方程的通解.

此例中方程$\sqrt{y}=0$ 有实根 $y=0$，这一函数是微分方程的一个特解，但它不包含在通解的表达式中，因此这一特解是微分方程的奇解. 由于本例只需求微分方程的通解，因而在求解的过程中可不必考虑这样的解.

例 2 求微分方程 $y'=2x(y+1)$的通解以及满足条件 $y(0)=0$ 的特解.

解 当 $y+1\neq 0$ 时，分离变量，得

$$\frac{\mathrm{d}y}{y+1} = 2x\mathrm{d}x,$$

两端积分，得

$$\int \frac{\mathrm{d}y}{y+1} = \int 2x\mathrm{d}x,$$

即

$$\ln|y+1| = x^2 + C_1, \quad y+1 = \pm\, \mathrm{e}^{C_1}\mathrm{e}^{x^2},$$

记 $C=\pm\mathrm{e}^{C_1}$，则有 $y=C\mathrm{e}^{x^2}-1$，

此即微分方程的通解，由 $y+1=0$ 可得 $y=-1$ 也是微分方程的解，这个解包含在通解中，是 $C=0$ 的情况.

将 $y(0)=0$ 代入通解中，得 $0=C-1$，$C=1$，故 $y=\mathrm{e}^{x^2}-1$ 为所求特解.

例 3 求微分方程 $\mathrm{d}x+xy\mathrm{d}y=y^2\mathrm{d}x+y\mathrm{d}y$ 的通解.

解 将方程整理,得

$$(1-y^2)\mathrm{d}x = y(1-x)\mathrm{d}y,$$

分离变量,得

$$\frac{\mathrm{d}x}{1-x} = \frac{y}{1-y^2}\mathrm{d}y,$$

两端积分,得

$$-\ln|1-x| = -\frac{1}{2}\ln|1-y^2| + C_1,$$

即
$$2\ln|1-x| = \ln|1-y^2| - 2C_1,$$

$$\ln(1-x)^2 = \ln|1-y^2| - 2C_1 = \ln \mathrm{e}^{-2C_1}|1-y^2|,$$

故
$$(1-x)^2 = C(1-y^2)$$

为方程的通解.

二、齐次方程

如果一阶常微分方程能够化成形如

$$\frac{\mathrm{d}y}{\mathrm{d}x} = f\left(\frac{y}{x}\right)$$

的形式,则称其为齐次方程.

如果齐次方程本身不是可分离变量的方程,那么可通过变量代换将其化成可分离变量的方程. 一般地,令 $u=\frac{y}{x}$,即 $y=xu$,此式对 x 求导,得 $\frac{\mathrm{d}y}{\mathrm{d}x}=u+x\frac{\mathrm{d}u}{\mathrm{d}x}$,代入微分方程,得

$$u + x\frac{\mathrm{d}u}{\mathrm{d}x} = f(u),$$

即
$$x\frac{\mathrm{d}u}{\mathrm{d}x} = f(u) - u,$$

这便是一个可分离变量的方程. 有时为计算方便,也可令 $u=\frac{x}{y}$,即 $x=yu$,两端对 y 求导,得 $\frac{\mathrm{d}x}{\mathrm{d}y}=u+y\frac{\mathrm{d}u}{\mathrm{d}y}$,代入微分方程即可得到可分离变量的方程.

例 4 求微分方程 $\frac{\mathrm{d}y}{\mathrm{d}x}=\frac{xy-y^2}{x^2+2xy}$ 的通解.

解 将方程化成

$$\frac{\mathrm{d}y}{\mathrm{d}x} = \frac{\frac{y}{x} - \left(\frac{y}{x}\right)^2}{1 + 2\frac{y}{x}},$$

这是齐次方程,令 $u=\frac{y}{x}$,即 $y=xu$,两端对 x 求导,得 $\frac{\mathrm{d}y}{\mathrm{d}x}=u+x\frac{\mathrm{d}u}{\mathrm{d}x}$,代入上面方程,得

$$u+x\frac{\mathrm{d}u}{\mathrm{d}x}=\frac{u-u^2}{1+2u}, \quad 即\ x\frac{\mathrm{d}u}{\mathrm{d}x}=\frac{-3u^2}{1+2u},$$

分离变量,得

$$\frac{1+2u}{u^2}\mathrm{d}u=-3\frac{\mathrm{d}x}{x},$$

两端积分,得

$$-\frac{1}{u}+2\ln|u|=-3\ln|x|+C_1,$$

将 $u=\frac{y}{x}$ 代入上式,得

$$-\frac{x}{y}+2\ln\left|\frac{y}{x}\right|=-3\ln|x|+C_1,$$

化简得 $\ln|y^2x|=\frac{x}{y}+C_1$, 即 $y^2x=C\mathrm{e}^{\frac{x}{y}}$,

此即原方程的通解.

例 5 求微分方程 $(1+\mathrm{e}^{-\frac{x}{y}})y\mathrm{d}x=(x-y)\mathrm{d}y$ 的通解.

解 此处将 y 看成自变量,x 看成 y 的函数比较方便. 将方程化成

$$\frac{\mathrm{d}x}{\mathrm{d}y}=\frac{\frac{x}{y}-1}{1+\mathrm{e}^{-\frac{x}{y}}},$$

令 $u=\frac{x}{y}$,即 $x=yu$,两端对 y 求导,得 $\frac{\mathrm{d}x}{\mathrm{d}y}=u+y\frac{\mathrm{d}u}{\mathrm{d}y}$,代入上面方程,得

$$u+y\frac{\mathrm{d}u}{\mathrm{d}y}=\frac{u-1}{1+\mathrm{e}^{-u}}, \quad 即\ y\frac{\mathrm{d}u}{\mathrm{d}y}=\frac{-(\mathrm{e}^u+u)}{\mathrm{e}^u+1},$$

分离变量,得 $$\frac{\mathrm{e}^u+1}{\mathrm{e}^u+u}\mathrm{d}u=-\frac{1}{y}\mathrm{d}y,$$

两端积分,得

$$\ln|\mathrm{e}^u+u|=-\ln|y|+C_1, \quad 即\ \mathrm{e}^u+u=\frac{C}{y},$$

将 $u=\frac{x}{y}$ 代入上式,得

$$\mathrm{e}^{\frac{x}{y}}+\frac{x}{y}=\frac{C}{y}, \quad 即\ y\mathrm{e}^{\frac{x}{y}}+x=C,$$

此即原微分方程的通解.

三、形如 $\frac{\mathrm{d}y}{\mathrm{d}x}=f\left(\frac{ax+by+c}{a_1x+b_1y+c_1}\right)$ 的方程

当 $c=c_1=0$ 时,方程本身就是齐次方程. 当 c 和 c_1 不全为零时,可通过变量代换将方程化成齐次方程或可分离变量的方程.

如果 $\frac{a_1}{a}=\frac{b_1}{b}=\lambda$,即 $a_1=\lambda a, b_1=\lambda b$,可令 $u=ax+by$,两端对 x

求导，得$\frac{\mathrm{d}u}{\mathrm{d}x}=a+b\frac{\mathrm{d}y}{\mathrm{d}x}$，于是可将原方程化为

$$\frac{\mathrm{d}u}{\mathrm{d}x}=a+bf\left(\frac{u+c}{\lambda u+c_1}\right),$$

这是一个可分离变量的方程.

如果$\frac{a_1}{a}\neq\frac{b_1}{b}$，则方程组$\begin{cases}ax+by+c=0,\\a_1x+b_1y+c_1=0\end{cases}$有唯一的一组解$x=x_0,y=y_0$，若令$\xi=x-x_0,\eta=y-y_0$，则$\frac{\mathrm{d}y}{\mathrm{d}x}=\frac{\mathrm{d}\eta}{\mathrm{d}\xi}$，并且

$$ax+by+c=a(\xi+x_0)+b(\eta+y_0)+c=a\xi+b\eta,$$
$$a_1x+b_1y+c_1=a_1(\xi+x_0)+b_1(\eta+y_0)+c_1=a_1\xi+b_1\eta,$$

于是原方程化成

$$\frac{\mathrm{d}\eta}{\mathrm{d}\xi}=f\left(\frac{a\xi+b\eta}{a_1\xi+b_1\eta}\right),$$

这是一个齐次方程.

例 6 求微分方程$y'=\frac{6x-3y+1}{4x-2y-1}$的通解.

解 分子与分母的x,y的系数成比例，即有$\frac{6}{4}=\frac{-3}{-2}$，令$u=2x-y$，两端对$x$求导，得$\frac{\mathrm{d}u}{\mathrm{d}x}=2-\frac{\mathrm{d}y}{\mathrm{d}x}$，于是原方程化成

$$\frac{\mathrm{d}u}{\mathrm{d}x}=2-\frac{3u+1}{2u-1}=\frac{u-3}{2u-1},$$

分离变量，得

$$\frac{2u-1}{u-3}\mathrm{d}u=\mathrm{d}x,$$

两端积分，得

$$2u+5\ln|u-3|=x+C,$$

将$u=2x-y$代入，得

$$3x-2y+5\ln|2x-y-3|=C,$$

此即所求通解.

例 7 求方程$\frac{\mathrm{d}y}{\mathrm{d}x}=\frac{x+y+3}{x-y+1}$的通解.

解 由于分子与分母的x,y的系数$\frac{1}{1}\neq\frac{1}{-1}$，解方程

$$\begin{cases}x+y+3=0,\\x-y+1=0,\end{cases}$$

得$x=-2,y=-1$，令$\xi=x-(-2)=x+2,\eta=y-(-1)=y+1$，则$\frac{\mathrm{d}\eta}{\mathrm{d}\xi}=\frac{\mathrm{d}y}{\mathrm{d}x}$，原方程化为

$$\frac{\mathrm{d}\eta}{\mathrm{d}\xi}=\frac{\xi+\eta}{\xi-\eta}=\frac{1+\frac{\eta}{\xi}}{1-\frac{\eta}{\xi}},$$

这是一个齐次方程，令 $u=\frac{\eta}{\xi}$，即 $\eta=\xi u$，两端对 ξ 求导，得 $\frac{\mathrm{d}\eta}{\mathrm{d}\xi}=u+\xi\frac{\mathrm{d}u}{\mathrm{d}\xi}$，于是上面方程化为

$$u+\xi\frac{\mathrm{d}u}{\mathrm{d}\xi}=\frac{1+u}{1-u},\quad \text{即}\ \xi\frac{\mathrm{d}u}{\mathrm{d}\xi}=\frac{1+u^2}{1-u},$$

分离变量并积分，得

$$\frac{1-u}{1+u^2}\mathrm{d}u=\frac{\mathrm{d}\xi}{\xi},$$

$$\arctan u-\frac{1}{2}\ln(1+u^2)=\ln|\xi|+C,$$

将 $u=\frac{\eta}{\xi}=\frac{y+1}{x+2}$，$\xi=x+2$ 代入上式，得到原方程的通解

$$\arctan\frac{y+1}{x+2}-\frac{1}{2}\ln\left[1+\left(\frac{y+1}{x+2}\right)^2\right]=\ln|x+2|+C.$$

四、一阶线性微分方程

形式为

$$\frac{\mathrm{d}y}{\mathrm{d}x}+P(x)y=Q(x) \tag{4}$$

的微分方程称为**一阶线性微分方程**，其中未知函数及其导数都是一次的，$P(x)$ 和 $Q(x)$ 都是已知函数. 如果 $Q(x)\equiv 0$，方程(4)变为

$$\frac{\mathrm{d}y}{\mathrm{d}x}+P(x)y=0, \tag{5}$$

将式(5) 称为**一阶线性齐次方程**. 如果 $Q(x)$ 不恒为零，则方程(4)称为**一阶线性非齐次方程**. 方程(5)也称为与方程(4)相对应的一阶线性齐次方程.

下面讨论一阶线性微分方程的解法.

一阶线性齐次方程(5)是可分离变量的方程. 分离变量，得

$$\frac{\mathrm{d}y}{y}=-P(x)\mathrm{d}x,$$

两端积分，得

$$\ln|y|=-\int P(x)\mathrm{d}x+C_1\quad\left(\text{或}\ \ln|y|=-\int_{x_0}^{x}P(x)\mathrm{d}x+C_1\right),$$

即

$$y=C\mathrm{e}^{-\int P(x)\mathrm{d}x}\left(\text{或}\ y=C\mathrm{e}^{-\int_{x_0}^{x}P(x)\mathrm{d}x}\right), \tag{6}$$

此式为一阶线性齐次方程的通解，其中 C 为任意常数.

为求一阶线性非齐次方程(4)的通解，我们先给出方程(4)解的结构.

容易验证，如果函数 $y=y_1(x)$ 是方程(4)的解，函数 $y=y_2(x)$ 是方程(5)的解，则 $y=y_1(x)+y_2(x)$ 一定是方程(4)的解. 因而如果 $y=\overline{y}(x)$（可简记成 $\overline{y}$）是方程(5)的通解，$y=y^*(x)$（可简记成 y^*）是方程(4)的一个特解，则

$$y=\overline{y}+y^*$$

是方程(4)的解，并由于其中含有一个任意常数，从而是方程(4)的通解.

由上面的讨论已知$\overline{y}$具有形式$\overline{y}=Ce^{-\int P(x)dx}$（或$\overline{y}=Ce^{-\int_{x_0}^{x}P(x)dx}$），为求出方程(4)的一个特解，根据$\overline{y}$的形式，我们推测方程(4)可能有形式为$C(x)e^{-\int P(x)dx}$的特解，即假设

$$y^*=C(x)e^{-\int P(x)dx},$$

其中$C(x)$为一待定函数，将此式代入方程(4)，得

$$e^{-\int P(x)dx}\frac{dC(x)}{dx}+C(x)e^{-\int P(x)dx}(-P(x))+P(x)C(x)e^{-\int P(x)dx}=Q(x),$$

即
$$e^{-\int P(x)dx}\frac{dC(x)}{dx}=Q(x),$$

于是有

$$\frac{dC(x)}{dx}=Q(x)e^{\int P(x)dx},$$

$$C(x)=\int Q(x)e^{\int P(x)dx}dx,$$

故

$$y^*=e^{-\int P(x)dx}\int Q(x)e^{\int P(x)dx}dx,$$

这种求方程(4)特解的方法称为常数变易法，因而方程(4)的通解为

$$\boxed{y=e^{-\int P(x)dx}\left[C+\int Q(x)e^{\int P(x)dx}dx\right],\qquad (7)}$$

如果要求方程(4)满足初始条件$y|_{x=x_0}=y_0$的特解，利用式(7)求出方程的通解后确定出任意常数C的值即可得到所要求的特解，也可以利用下面的式(8)计算.

$$\boxed{y=e^{-\int_{x_0}^{x}P(x)dx}\left[y_0+\int_{x_0}^{x}Q(x)e^{\int_{x_0}^{x}P(x)dx}dx\right],\qquad (8)}$$

此式的推导略.

例8 求微分方程$xy'+(1-x)y=e^{2x}$的通解.

解 方程为一阶线性微分方程，与它相对应的齐次方程为

$$xy'+(1-x)y=0,$$

分离变量，得
$$\frac{dy}{y}=\frac{x-1}{x}dx,$$

两端积分，得

$$\ln|y|=x-\ln|x|+C_1,\quad 即\ \overline{y}=C\frac{e^x}{x},$$

设$y^*=C(x)\frac{e^x}{x}$，代入原方程，得

$$e^x\frac{dC(x)}{dx}=e^{2x},\quad \frac{dC(x)}{dx}=e^x,$$

积分,得 $$C(x)=\int e^x dx+C_2=e^x+C_2,$$

取 $C_2=0$,得原方程的一个特解 $y^*=e^x\dfrac{e^x}{x}=\dfrac{e^{2x}}{x}$,故原方程的通解为

$$y=\overline{y}+y^*=\frac{e^x}{x}(C+e^x).$$

如果利用式(7) 求此方程的通解,需先将微分方程化成与式(4) 相同的标准方程,即化成

$$y'+\frac{1-x}{x}y=\frac{e^{2x}}{x},$$

此处 $P(x)=\dfrac{1-x}{x}$,$Q(x)=\dfrac{e^{2x}}{x}$,不妨设 $x>0$,由式(7) 得方程的通解

$$\begin{aligned} y&=e^{-\int\frac{1-x}{x}dx}\left(C+\int\frac{e^{2x}}{x}e^{\int\frac{1-x}{x}dx}dx\right)=e^{x-\ln x}\left(C+\int\frac{e^{2x}}{x}e^{\ln x-x}dx\right)\\ &=\frac{1}{x}e^x\left(C+\int\frac{e^{2x}}{x}xe^{-x}dx\right)=\frac{e^x}{x}\left(C+\int e^x dx\right)=\frac{e^x}{x}(C+e^x). \end{aligned}$$

例 9 求微分方程 $y'=\dfrac{y}{x+y^3}$ 的通解.

解 如果将 y 看成函数,则方程不属于以上几种类型,如果将 y 看成自变量,将 x 看成 y 的函数,而将方程化为

$$\frac{dx}{dy}-\frac{1}{y}x=y^2,$$

这是一阶线性微分方程,其中 $P(y)=-\dfrac{1}{y}$,$Q(y)=y^2$,利用式(7)得其通解

$$\begin{aligned} x&=e^{-\int P(y)dy}\left[C+\int Q(y)e^{\int P(y)dy}dy\right]\\ &=e^{-\int-\frac{1}{y}dy}\left(C+\int y^2e^{\int-\frac{1}{y}dy}dy\right)=e^{\ln y}\left(C+\int y^2e^{-\ln y}dy\right)\\ &=y\left(C+\int y^2\frac{1}{y}dy\right)=y\left(C+\int y dy\right)=y\left(C+\frac{y^2}{2}\right). \end{aligned}$$

五、伯努利方程

形如

$$\frac{dy}{dx}+P(x)y=Q(x)y^n\quad(n\neq 0,1)\tag{9}$$

的方程称为伯努利方程. 通过变量代换,可以将其化成线性微分方程. 将方程(9)两端同时除以 y^n,得

$$y^{-n}\frac{dy}{dx}+P(x)y^{1-n}=Q(x),$$

于是有 $$\frac{1}{1-n}\frac{dy^{1-n}}{dx}+P(x)y^{1-n}=Q(x),$$

作变换 $u=y^{1-n}$,则方程化为

$$\frac{1}{1-n}\frac{\mathrm{d}u}{\mathrm{d}x}+P(x)u=Q(x),$$

即 $$\frac{\mathrm{d}u}{\mathrm{d}x}+(1-n)P(x)u=(1-n)Q(x),$$

这便是一阶线性微分方程.

例 10 求初值问题$\begin{cases}y'+2xy=\dfrac{x}{y},\\ y|_{x=0}=1\end{cases}$的解.

解 方程是伯努利方程，$n=-1$. 令 $u=y^{1-(-1)}=y^2$，两端对 x 求导，得$\frac{\mathrm{d}u}{\mathrm{d}x}=2y\frac{\mathrm{d}y}{\mathrm{d}x}$，代入已知微分方程，得

$$\frac{1}{2y}\frac{\mathrm{d}u}{\mathrm{d}x}+2xy=\frac{x}{y},\quad 即\frac{\mathrm{d}u}{\mathrm{d}x}+4xu=2x,$$

这是一个线性方程，$P(x)=4x, Q(x)=2x$，由通解公式得

$$\begin{aligned}u&=\mathrm{e}^{-\int 4x\mathrm{d}x}\left(C+\int 2x\mathrm{e}^{\int 4x\mathrm{d}x}\mathrm{d}x\right)=\mathrm{e}^{-2x^2}\left(C+\int 2x\mathrm{e}^{2x^2}\mathrm{d}x\right)\\&=\mathrm{e}^{-2x^2}\left(C+\frac{1}{2}\mathrm{e}^{2x^2}\right)=C\mathrm{e}^{-2x^2}+\frac{1}{2},\end{aligned}$$

由初始条件 $y|_{x=0}=1$，得 $u|_{x=0}=1^2=1$，代入上式，得 $1=C+\frac{1}{2}$，$C=\frac{1}{2}$，于是所求特解为

$$y^2=\frac{1}{2}(\mathrm{e}^{-2x^2}+1).$$

例 11 求方程$\frac{\mathrm{d}y}{\mathrm{d}x}=\frac{1}{xy+x^2y^3}$的通解.

解 把 y 看成自变量，x 看成 y 的函数，将方程化成

$$\frac{\mathrm{d}x}{\mathrm{d}y}-yx=y^3x^2,$$

这是一个伯努利方程，$n=2$，令 $u=x^{1-2}=\frac{1}{x}$，即 $x=\frac{1}{u}$，两端对 y 求导，得$\frac{\mathrm{d}x}{\mathrm{d}y}=-\frac{1}{u^2}\frac{\mathrm{d}u}{\mathrm{d}y}$，代入上面的微分方程，得

$$-\frac{1}{u^2}\frac{\mathrm{d}u}{\mathrm{d}y}-y\cdot\frac{1}{u}=y^3\cdot\frac{1}{u^2},\quad 即\frac{\mathrm{d}u}{\mathrm{d}y}+yu=-y^3,$$

这是一阶线性方程，它的通解为

$$\begin{aligned}u&=\mathrm{e}^{-\int y\mathrm{d}y}\left(C+\int -y^3\mathrm{e}^{\int y\mathrm{d}y}\mathrm{d}y\right)\\&=\mathrm{e}^{-\frac{y^2}{2}}\left(C+\int -y^3\mathrm{e}^{\frac{y^2}{2}}\mathrm{d}y\right)=C\mathrm{e}^{-\frac{y^2}{2}}-y^2+2,\end{aligned}$$

于是原方程的通解为

$$\frac{1}{x}=C\mathrm{e}^{-\frac{y^2}{2}}-y^2+2.$$

六、其他例子

下面给出一些可利用适当变量代换化为上述可解微分方程的例子.

例 12 求方程 $xy'-y=x^2+y^2$ 的通解.

解 方程两端同除以 x^2,得

$$\frac{xy'-y}{x^2}=1+\left(\frac{y}{x}\right)^2, \quad 即\left(\frac{y}{x}\right)'=1+\left(\frac{y}{x}\right)^2,$$

令 $u=\frac{y}{x}$,则上式变成

$$\frac{\mathrm{d}u}{\mathrm{d}x}=1+u^2,$$

分离变量并积分,得

$$\frac{\mathrm{d}u}{1+u^2}=\mathrm{d}x, \quad \arctan u=x+C,$$

将 $u=\frac{y}{x}$ 代入,得

$$\arctan\frac{y}{x}=x+C, \quad 即\ y=x\tan(x+C)$$

为所求通解.

例 13 求方程 $(x^2+3)\cos y\cdot\frac{\mathrm{d}y}{\mathrm{d}x}+2x\sin y=x(x^2+3)$ 的通解.

解 令 $u=\sin y$,则 $\frac{\mathrm{d}u}{\mathrm{d}x}=\cos y\cdot\frac{\mathrm{d}y}{\mathrm{d}x}$,代入已知微分方程,得

$$(x^2+3)\frac{\mathrm{d}u}{\mathrm{d}x}+2xu=x(x^2+3),$$

这是一阶线性微分方程,利用通解公式得

$$u=\mathrm{e}^{-\int\frac{2x}{x^2+3}\mathrm{d}x}\left(C+\int x\mathrm{e}^{\int\frac{2x}{x^2+3}\mathrm{d}x}\mathrm{d}x\right)=\frac{1}{x^2+3}\left(C+\frac{x^4}{4}+\frac{3}{2}x^2\right),$$

故原方程的通解为

$$(x^2+3)\sin y=C+\frac{x^4}{4}+\frac{3}{2}x^2.$$

例 14 求方程 $(x^2y^2+1)\mathrm{d}x+2x^2\mathrm{d}y=0$ 的通解.

解 方程化为 $x^2y^2+1+2x^2\frac{\mathrm{d}y}{\mathrm{d}x}=0$,

令 $u=xy$,则 $\frac{\mathrm{d}u}{\mathrm{d}x}=y+x\frac{\mathrm{d}y}{\mathrm{d}x}$,代入上式,得

$$u^2+1+2x\left(\frac{\mathrm{d}u}{\mathrm{d}x}-y\right)=0, \quad 即\ u^2-2u+1+2x\frac{\mathrm{d}u}{\mathrm{d}x}=0,$$

分离变量并积分,得

$$\frac{-2\mathrm{d}u}{(u-1)^2}=\frac{\mathrm{d}x}{x}, \quad \frac{2}{u-1}=\ln|x|+C_1,$$

即
$$x=C\mathrm{e}^{\frac{2}{u-1}},$$

故原方程的通解为

$$x = Ce^{\frac{2}{xy-1}}.$$

例 15　求方程 $2xyy'=y^2+x\tan\dfrac{y^2}{x}$ 的通解.

解　令 $u=y^2$，两端对 x 求导，得 $\dfrac{du}{dx}=2y\dfrac{dy}{dx}$，代入方程，得

$$x\frac{du}{dx} = u + x\tan\frac{u}{x}, \quad 即 \frac{du}{dx} = \frac{u}{x} + \tan\frac{u}{x},$$

这是一个齐次方程，令 $t=\dfrac{u}{x}$，即 $u=xt$，对 x 求导，得 $\dfrac{du}{dx}=t+x\dfrac{dt}{dx}$，代入上式，得

$$t + x\frac{dt}{dx} = t + \tan t, \quad x\frac{dt}{dx} = \tan t,$$

分离变量并积分，得

$$\frac{\cos t}{\sin t}dt = \frac{dx}{x},$$

$$\ln|\sin t| = \ln|x| + C_1, \quad 即 \sin t = Cx,$$

将变量还原得原方程的通解

$$\sin\frac{y^2}{x} = Cx.$$

习题 1-2

1. 求下列微分方程的通解：

(1) $xyy'=1-x^2$；

(2) $x\sqrt{1+y^2}dx+y\sqrt{1+x^2}dy=0$；

(3) $xy'-y\ln y=0$；

(4) $\sqrt{1-x^2}y'=\sqrt{1-y^2}$；

(5) $\dfrac{dy}{dx}=10^{x+y}$；

(6) $(e^{x+y}-e^x)dx+(e^{x+y}+e^y)dy=0$；

(7) $(y+1)^2\dfrac{dy}{dx}+x^3=0$；

(8) $-xy'=y^2$；

(9) $\cos x\sin ydx+\sin x\cos ydy=0$；

(10) $xy(y-xy')=x+yy'$；

(11) $y^2dx+ydy=x^2ydy-dx$；

(12) $ydx+\sqrt{x^2+1}dy=0$.

2. 求下列初值问题的解：

(1) $(1+e^x)yy'=e^x, y|_{x=1}=1$；

(2) $\dfrac{x}{1+y}dx-\dfrac{y}{1+x}dy=0, y|_{x=0}=1$；

(3) $y'\sin x=y\ln y, y\left(\frac{\pi}{2}\right)=e$;

(4) $xy'+y=y^2, y(1)=\frac{1}{2}$;

(5) $\cos y\mathrm{d}x+(1+e^{-x})\sin y\mathrm{d}y=0, y|_{x=0}=\frac{\pi}{4}$;

(6) $\arctan y\mathrm{d}y+(1+y^2)x\mathrm{d}x=0, y|_{x=0}=1$.

3. 求下列微分方程的通解：

(1) $\frac{\mathrm{d}y}{\mathrm{d}x}=\frac{x+y}{x-y}$;　　(2) $(2x^2-y^2)+3xy\frac{\mathrm{d}y}{\mathrm{d}x}=0$;

(3) $xy'=y\ln\frac{y}{x}$;　(4) $\frac{\mathrm{d}y}{\mathrm{d}x}=\frac{y}{x}(1+\ln y-\ln x)$;

(5) $x-y\cos\frac{y}{x}+x\cos\frac{y}{x}\frac{\mathrm{d}y}{\mathrm{d}x}=0$;

(6) $x\frac{\mathrm{d}y}{\mathrm{d}x}+y=2\sqrt{xy}\quad(x>0)$;

(7) $\left(1+2e^{\frac{x}{y}}\right)\mathrm{d}x+2e^{\frac{x}{y}}\left(1-\frac{x}{y}\right)\mathrm{d}y=0$.

4. 求下列初值问题的解：

(1) $x(x+2y)y'-y^2=0, y|_{x=1}=1$;

(2) $y'=\frac{x}{y}+\frac{y}{x}, y|_{x=1}=2$;

(3) $(x^2+2xy-y^2)\mathrm{d}x+(y^2+2xy-x^2)\mathrm{d}y=0, y|_{x=1}=1$.

5. 求下列微分方程的通解：

(1) $y'=2\left(\frac{y+2}{x+y-1}\right)^2$;

(2) $y'=\sin^2(x-y+1)$;

(3) $\frac{\mathrm{d}y}{\mathrm{d}x}=(x+y)^2$;

(4) $(2x-5y+3)\mathrm{d}x-(2x+4y-6)\mathrm{d}y=0$;

(5) $(x+y)\mathrm{d}x+(3x+3y-4)\mathrm{d}y=0$.

6. 求下列微分方程的通解：

(1) $y'+y=\cos x$;　　(2) $y'+2xy=xe^{-x^2}$;

(3) $(y^4+2x)y'=y$;　　(4) $(1+x^2)y'-2xy=(1+x^2)^2$;

(5) $\cos^2 x\frac{\mathrm{d}y}{\mathrm{d}x}+y=\tan x$;　(6) $x\ln x\mathrm{d}y+(y-\ln x)\mathrm{d}x=0$;

(7) $xy'-y=\frac{x}{\ln x}$;　　(8) $y'=\frac{1}{e^y+x}$;

(9) $2y\mathrm{d}x+(y^2-6x)\mathrm{d}y=0$.

7. 求下列初值问题的解：

(1) $\begin{cases}xy'+y-e^x=0,\\ y|_{x=a}=b;\end{cases}$

(2) $\frac{\mathrm{d}y}{\mathrm{d}x}-y\tan x=\sec x, y|_{x=0}=0$;

(3) $\frac{\mathrm{d}y}{\mathrm{d}x}+\frac{y}{x}=\frac{\sin x}{x}, y|_{x=\pi}=1$;

(4) $(1-x^2)y'+xy=1, y(0)=1$.

8. 求下列微分方程的通解：

(1) $\frac{\mathrm{d}y}{\mathrm{d}x}+y=y^2(\cos x-\sin x)$; (2) $\frac{\mathrm{d}y}{\mathrm{d}x}-y=xy^5$;

(3) $x\mathrm{d}y-[y+xy^3(1+\ln x)]\mathrm{d}x=0$; (4) $y'-y=\frac{x^2}{y}$;

(5) $(y^3x^2+xy)y'=1$.

9. 利用适当的变量代换求下列微分方程的通解：

(1) $y(xy+1)\mathrm{d}x+x(1+xy+x^2y^2)\mathrm{d}y=0$;

(2) $3y^2y'-ay^3=x+1$;

(3) $y'\cos y+\sin y\cos^2 y=\sin^3 y$;

(4) $\sec^2 y\frac{\mathrm{d}y}{\mathrm{d}x}+\frac{x}{1+x^2}\tan y=x$;

(5) $\frac{\mathrm{d}y}{\mathrm{d}x}+1=4\mathrm{e}^{-y}\sin x$;

(6) $xy'+x+\sin(x+y)=0$.

第三节 可降阶的高阶微分方程

对有些高阶微分方程，我们可以通过积分或适当的变量代换将它们化成一阶微分方程，这种类型的方程称为可降阶的方程，相应的求解方法称为降阶法. 下面介绍三种可降阶的高阶微分方程的求解方法.

一、$y^{(n)}=f(x)$型微分方程

这类方程的特点是右端仅含有自变量 x，因此通过 n 次积分就能得到它的通解.

例 1 求微分方程 $y'''=\frac{1}{1+x^2}$的通解.

解 对方程接连积分 3 次，得

$$y''=\int\frac{1}{1+x^2}\mathrm{d}x=\arctan x+C_1,$$

$$\begin{aligned}y'&=\int\arctan x\mathrm{d}x+C_1x\\&=x\arctan x-\int\frac{x}{1+x^2}\mathrm{d}x+C_1x\\&=x\arctan x-\frac{1}{2}\ln(1+x^2)+C_1x+C_2,\end{aligned}$$

$$\begin{aligned}y&=\int\left[x\arctan x-\frac{1}{2}\ln(1+x^2)\right]\mathrm{d}x+\frac{C_1}{2}x^2+C_2x\\&=\frac{1}{2}x^2\arctan x-\frac{1}{2}\int\frac{x^2}{1+x^2}\mathrm{d}x-\frac{1}{2}x\ln(1+x^2)+\end{aligned}$$

$$\frac{1}{2}\int\frac{2x^2}{1+x^2}\mathrm{d}x+\frac{C_1}{2}x^2+C_2x$$

$$=\frac{1}{2}x^2\arctan x+\frac{x}{2}-\frac{1}{2}\arctan x-\frac{1}{2}x\ln(1+x^2)+\frac{C_1}{2}x^2+C_2x+C_3.$$

二、$y''=f(x,y')$型微分方程

这类方程的特点是方程中不显含未知函数 y,如果作代换 $y'=p(x)$,则 $y''=p'(x)$,代入微分方程,得

$$p'=f(x,p),$$

这是一个关于变量 x,p 的一阶微分方程.

例 2 求微分方程 $y''+\frac{1}{x}y'=x$ 的通解.

解 方程中不显含 y,令 $y'=p(x)$,则 $y''=p'(x)$,代入方程,得

$$p'+\frac{1}{x}p=x,$$

解此一阶微分方程,得

$$p=\mathrm{e}^{-\int\frac{1}{x}\mathrm{d}x}\left(C_1+\int x\mathrm{e}^{\int\frac{1}{x}\mathrm{d}x}\mathrm{d}x\right)=\frac{1}{3}x^2+\frac{C_1}{x},$$

即
$$y'=\frac{1}{3}x^2+\frac{C_1}{x},$$

积分得原方程的通解

$$y=\frac{1}{9}x^3+C_1\ln|x|+C_2.$$

例 3 求初值问题 $\begin{cases}(1+x^2)y''=2xy',\\ y|_{x=0}=1,y'|_{x=0}=3\end{cases}$ 的解.

解 方程中不显含 y,令 $y'=p(x)$,则 $y''=p'(x)$,代入方程,得

$$(1+x^2)\frac{\mathrm{d}p}{\mathrm{d}x}=2xp,$$

分离变量并积分,得

$$\frac{\mathrm{d}p}{p}=\frac{2x}{1+x^2}\mathrm{d}x,\quad \ln|p|=\ln(1+x^2)+C_1,$$

将初始条件 $p|_{x=0}=y'|_{x=0}=3$ 代入,得 $C_1=\ln 3$,故

$$p=3(1+x^2),\quad 即\ y'=3(1+x^2),$$

积分得
$$y=3x+x^3+C_2,$$

由初始条件得 $C_2=1$,于是初值问题的解为

$$y=3x+x^3+1.$$

三、$y''=f(y,y')$型微分方程

这类方程的特点是方程中不显含 x. 如果作变量代换 $y'=$

$p(y)$，则有 $y''=\frac{\mathrm{d}p(y)}{\mathrm{d}x}=\frac{\mathrm{d}p(y)}{\mathrm{d}y}\frac{\mathrm{d}y}{\mathrm{d}x}=p\frac{\mathrm{d}p}{\mathrm{d}y}$，代入微分方程，得

$$p\frac{\mathrm{d}p}{\mathrm{d}y}=f(y,p),$$

这是关于变量 y,p 的一阶微分方程.

例 4 求微分方程 $y''+\frac{1}{1-y}(y')^2=0$ 的通解.

解 方程中不显含 x，令 $y'=p(y)$，则 $y''=p\frac{\mathrm{d}p}{\mathrm{d}y}$，代入方程，得

$$p\frac{\mathrm{d}p}{\mathrm{d}y}+\frac{1}{1-y}p^2=0,\quad \text{即}\ p\left(\frac{\mathrm{d}p}{\mathrm{d}y}+\frac{p}{1-y}\right)=0,$$

于是有 $p=0$，或 $\frac{\mathrm{d}p}{\mathrm{d}y}+\frac{p}{1-y}=0$，由后一方程得

$$\frac{\mathrm{d}p}{p}=\frac{\mathrm{d}y}{y-1},$$

积分得 $\qquad p=C_1(y-1),\quad$ 即 $y'=C_1(y-1)$，

分离变量并积分得

$$\frac{\mathrm{d}y}{y-1}=C_1\mathrm{d}x,\quad \ln|y-1|=C_1x+C,$$

故原方程的通解为

$$y=C_2\mathrm{e}^{C_1x}+1,$$

由 $p=0$，即 $y'=0$，得 $y=C$，此式包含在通解中（$C_1=0$ 的情况）.

例 5 求初值问题 $\begin{cases}2yy''=(y')^2+y^2,\\ y(0)=1,y'(0)=2\end{cases}$ 的解.

解 方程中不显含 x，令 $y'=p(y)$，则 $y''=p\frac{\mathrm{d}p}{\mathrm{d}y}$，代入方程，得

$$2yp\frac{\mathrm{d}p}{\mathrm{d}y}=p^2+y^2,\quad \text{即}\ 2\frac{\mathrm{d}p}{\mathrm{d}y}=\frac{p}{y}+\frac{y}{p},$$

这是一个齐次方程，令 $u=\frac{p}{y}$，即 $p=yu$，对 y 求导，得 $\frac{\mathrm{d}p}{\mathrm{d}y}=u+y\frac{\mathrm{d}u}{\mathrm{d}y}$，代入上式，得

$$2u+2y\frac{\mathrm{d}u}{\mathrm{d}y}=u+\frac{1}{u},\quad \text{即}\ 2y\frac{\mathrm{d}u}{\mathrm{d}y}=\frac{1-u^2}{u},$$

分离变量并积分，得

$$\frac{2u\mathrm{d}u}{1-u^2}=\frac{\mathrm{d}y}{y},\quad \frac{1}{1-u^2}=C_1y,$$

由 $y(0)=1$，及 $u(0)=\left.\frac{p}{y}\right|_{x=0}=\frac{y'(0)}{y(0)}=2$，得 $C_1=-\frac{1}{3}$，故有

$$u^2-1=\frac{3}{y},\quad \text{即}\ \frac{p^2}{y^2}-1=\frac{3}{y},$$

$$p^2=y^2+3y,\quad y'=p=\pm\sqrt{y^2+3y},$$

由初始条件知上式应取正号，故

$$y'=\sqrt{y^2+3y},$$

分离变量并积分，得

$$\frac{\mathrm{d}y}{\sqrt{y^2+3y}}=\mathrm{d}x,\quad \ln\left|y+\frac{3}{2}+\sqrt{\left(y+\frac{3}{2}\right)^2-\frac{9}{4}}\right|=x+C,$$

即

$$y+\frac{3}{2}+\sqrt{y^2+3y}=C_2\mathrm{e}^x,$$

由初始条件，得 $C_2=\frac{9}{2}$，故初值问题的解为

$$y+\frac{3}{2}+\sqrt{y^2+3y}=\frac{9}{2}\mathrm{e}^x.$$

例 6 求微分方程 $y'y'''-2(y'')^2=0$ 的通解.

解 这是一个三阶微分方程，如果作变量代换 $u=y'$，则 $y''=u'$，$y'''=u''$，因而方程化为

$$uu''-2(u')^2=0,$$

这是不显含 x 的二阶微分方程，令 $u'=p(u)$，则 $u''=p\frac{\mathrm{d}p}{\mathrm{d}u}$，代入上面方程得

$$up\frac{\mathrm{d}p}{\mathrm{d}u}-2p^2=0,$$

即 $p=0$，或 $u\frac{\mathrm{d}p}{\mathrm{d}u}-2p=0$，由后一方程得

$$\frac{\mathrm{d}p}{p}=2\frac{\mathrm{d}u}{u},\quad \ln|p|=2\ln|u|+C,$$

即

$$p=C_1u^2,\quad u'=C_1u^2,$$

利用分离变量法得

$$\frac{\mathrm{d}u}{u^2}=C_1\mathrm{d}x,\quad -\frac{1}{u}=C_1x+C_2,$$

由此得到

$$y'=-\frac{1}{C_1x+C_2},$$

积分得原方程的通解

$$y=-\frac{1}{C_1}\ln|C_1x+C_2|+C_3,$$

由 $p=0$，即 $u'=0$，可得 $u=A_1$，即 $y'=A_1$，积分得

$$y=A_1x+A_2,$$

这也是原方程的解(其中 A_1，A_2 是任意常数).

习题 1-3

1. 求下列微分方程的通解：

(1) $xy''=y'$；　(2) $2yy''=1+(y')^2\ (y'\geqslant0)$；

(3) $y''=x+\sin x$；　(4) $y''=y'+x$；

(5) $y''=1+(y')^2$；　(6) $y^3y''-1=0\ (y>0,y'\geqslant0)$；

(7) $xy''+y'=0$；(8) $y''=(y')^3+y'$；

(9) $y''(e^x+1)+y'=0$；(10) $xy'''+y''=1$；

(11) $y'''=y''$.

2. 求下列初值问题的解：

(1) $\begin{cases} y^3y''+1=0, \\ y(1)=1, y'(1)=0; \end{cases}$

(2) $y''-a(y')^2=0, y|_{x=0}=0, y'|_{x=0}=-1$；

(3) $y''=e^{2y}, y(0)=y'(0)=0$；

(4) $y''=3\sqrt{y}, y(0)=1, y'(0)=2$；

(5) $y''+(y')^2=1, y|_{x=0}=0, y'|_{x=0}=0$；

(6) $\begin{cases} (1-x^2)y'''+2xy''=0, \\ y(2)=0, y'(2)=\dfrac{2}{3}, y''(2)=3. \end{cases}$

3. 试求 $y''=x$ 与直线 $y=\dfrac{x}{2}+1$ 相切于点(0,1)的积分曲线.

第四节 线性微分方程解的结构

形式为

$$y^{(n)}+p_1(x)y^{(n-1)}+p_2(x)y^{(n-2)}+\cdots+p_{n-1}(x)y'+p_n(x)y=f(x) \tag{1}$$

的微分方程称为 n **阶线性微分方程**，其中 $p_1(x),p_2(x),\cdots,p_{n-1}(x)$，$p_n(x)$与 $f(x)$都是已知函数.

当 $f(x)\equiv 0$ 时，方程变为

$$y^{(n)}+p_1(x)y^{(n-1)}+p_2(x)y^{(n-2)}+\cdots+p_{n-1}(x)y'+p_n(x)y=0, \tag{2}$$

方程(2)称为 n **阶线性齐次微分方程**. 当 $f(x)$不恒为零时，方程(1)称为 n **阶线性非齐次微分方程**.

下面我们先讨论二阶线性微分方程解的结构，所得结论可以推广到三阶及以上线性微分方程的情形.

一、二阶线性微分方程解的结构

1. 函数组的线性相关与线性无关

首先引入一个概念.

定义 1 **设 $f_1(x),f_2(x),\cdots,f_n(x)$是在区间 I 上有定义的 n 个函数，如果存在 n 个不全为零的常数 $k_1,k_2,\cdots,k_n$，使**

$$k_1f_1(x)+k_2f_2(x)+\cdots+k_nf_n(x)=0 \tag{3}$$

在区间 I 上恒成立，则称函数组 $f_1(x),f_2(x),\cdots,f_n(x)$在区间 I 上线性相关，若只有当 $k_1=k_2=\cdots=k_n=0$ 时才有式(3)成立，则称 $f_1(x),f_2(x),\cdots,f_n(x)$在区间 I 上线性无关(或线性独立).

例如，函数 $1,x,x^2,\cdots,x^{n-1}(n\geqslant 2)$ 在任意区间 $[a,b](b>a)$ 上线性无关. 而函数组 $1,\sin^2 x,\cos^2 x$ 在任意区间上线性相关.

根据定义，如果 n 个函数 $f_1(x),f_2(x),\cdots,f_n(x)$ 线性相关，则式(3) 中的 $k_1,k_2,\cdots,k_n$ 不全为零，不妨设 $k_n\neq 0$，则由式(3) 可以解得

$$f_n(x)=-\frac{k_1}{k_n}f_1(x)-\frac{k_2}{k_n}f_2(x)-\cdots-\frac{k_{n-1}}{k_n}f_{n-1}(x),$$

即 $f_n(x)$ 可以表示成其他 $n-1$ 个函数的线性组合.

反之，如果某个 $f_i(x)$ 能表示成其他 $n-1$ 个函数的线性组合，不妨设 $f_n(x)$ 是这个函数，即存在常数 $k_1,k_2,\cdots,k_{n-1}$，使

$$f_n(x)=k_1f_1(x)+k_2f_2(x)+\cdots+k_{n-1}f_{n-1}(x),$$

则有 $k_1f_1(x)+k_2f_2(x)+\cdots+k_{n-1}f_{n-1}(x)+(-1)f_n(x)=0$,
从而 $f_1(x),f_2(x),\cdots,f_n(x)$ 线性相关.

由此可知，n 个函数 $f_1(x),f_2(x),\cdots,f_n(x)$ 线性相关的充分必要条件是其中某个函数能表示成其他函数的线性组合.

对于两个函数 $f_1(x),f_2(x)$，如果它们在某区间 I 上线性相关，即存在不全为零的常数 k_1,k_2，不妨设 $k_2\neq 0$，使

$$k_1f_1(x)+k_2f_2(x)=0,$$

则有

$$\frac{f_2(x)}{f_1(x)}=-\frac{k_1}{k_2},$$

即这两个函数的比值恒等于一个常数. 反之，如果两个函数的比值恒等于一个常数，则这两个函数一定线性相关. 因此考察两个函数是否线性相关，只需看它们的比值是否恒等于一个常数即可.

2. 二阶线性齐次方程解的结构

设有二阶线性齐次微分方程

$$y''+p(x)y'+q(x)y=0, \tag{4}$$

其中 $p(x),q(x)$ 是已知函数.

方程(4)的解有如下性质.

性质 1 **如果函数 $y=y_1(x)$，$y=y_2(x)$（可分别简记为 y_1，y_2）都是方程(4)的解，则 $y=y_1+y_2$ 一定也是方程(4)的解.**

根据导数的运算公式，此性质很容易得到证明.

性质 2 **如果函数 $y=u(x)+\mathrm{i}v(x)$ 是方程(4)的复数形式解，则 $y=u(x)$ 与 $y=v(x)$ 都是方程(4)的解.**

证 由于

$$[u(x)+\mathrm{i}v(x)]'=u'(x)+\mathrm{i}v'(x),$$
$$[u(x)+\mathrm{i}v(x)]''=u''(x)+\mathrm{i}v''(x),$$

因而将 $y=u(x)+\mathrm{i}v(x)$ 代入方程(4)得

$$u''(x)+\mathrm{i}v''(x)+p(x)[u'(x)+\mathrm{i}v'(x)]+$$
$$q(x)[u(x)+\mathrm{i}v(x)]=0,$$

即

$$[u''(x)+p(x)u'(x)+q(x)u(x)]+$$

$$\mathrm{i}[v''(x)+p(x)v'(x)+q(x)v(x)]=0,$$

此式成立的充分必要条件是

$$u''(x)+p(x)u'(x)+q(x)u(x)=0,$$

$$v''(x)+p(x)v'(x)+q(x)v(x)=0,$$

即 $y=u(x)$ 与 $y=v(x)$ 都是方程(4)的解.

如果函数 y_1 与 y_2 是方程(4)的两个线性无关的解，则根据解的性质 1 可知，

$$y=C_1y_1+C_2y_2$$

也是方程(4)的解，并且由于 y_1,y_2 线性无关，所以其中任何一个都不是另一个的常数倍，因此上式中的 C_1 与 C_2 不能合并成一个任意常数，即 C_1 与 C_2 是两个独立的任意常数，于是得到下面的定理.

定理 1 (二阶线性齐次方程解的结构)　如果函数 y_1 与 y_2 是方程 $y''+p(x)y+q(x)y=0$ 的两个线性无关的解，则

$$y=C_1y_1+C_2y_2$$

是此方程的通解，其中 C_1,C_2 是两个任意常数，而函数 y_1,y_2 称为方程的一个基本解组.

此定理的结论可以推广到 n 阶线性齐次方程的情形，即有：

定理 2 (n 阶线性齐次方程解的结构)　如果函数 $y_1,y_2,\cdots,y_n$ 是方程

$$y^{(n)}+p_1(x)y^{(n-1)}+p_2(x)y^{(n-2)}+\cdots+p_{n-1}(x)y'+p_n(x)y=0$$

的 n 个线性无关的解，则

$$y=C_1y_1+C_2y_2+\cdots+C_ny_n$$

是此方程的通解，其中 $C_1,C_2,\cdots,C_n$ 是 n 个任意常数，而 $y_1,y_2,\cdots,y_n$ 称为方程的一个基本解组.

3. 二阶线性非齐次方程解的结构

设二阶线性非齐次微分方程为

$$y''+p(x)y'+q(x)y=f(x). \tag{5}$$

方程
$$y''+p(x)y'+q(x)y=0 \tag{6}$$

是与方程(5)相对应的齐次微分方程.方程(5)的解具有如下性质.

性质 1 如果函数 $y=\overline{y}(x)$ 是方程(6)的解，$y=y^*(x)$ 是方程(5)的解(可分别简记为 $\overline{y},y^*$)，则 $y=\overline{y}+y^*$ 一定是方程(5)的解；如果 y_1^* 与 y_2^* 都是方程(5)的解，则 $y=y_1^*-y_2^*$ 一定是方程(6)的解.

证　由于 $\overline{y}$ 和 y^* 分别满足

$$\overline{y}''+p(x)\overline{y}'+q(x)\overline{y}=0,$$

$$(y^*)''+p(x)(y^*)'+q(x)y^*=f(x),$$

故
$$\begin{aligned}&(\overline{y}+y^*)''+p(x)(\overline{y}+y^*)'+q(x)(\overline{y}+y^*)\\&=[\overline{y}''+p(x)\overline{y}'+q(x)\overline{y}]+[(y^*)''+p(x)(y^*)'+q(x)y^*]\\&=0+f(x)=f(x),\end{aligned}$$

即 $y=\overline{y}+y^*$ 是方程(5)的解.

用同样方法可以证明，$y=y_1^*-y_2^*$ 是方程(6)的解.

性质2 **(解的叠加性)　如果函数 y_1 与 y_2 分别是方程**

$$y''+p(x)y'+q(x)y=f_1(x) \tag{7}$$

与

$$y''+p(x)y'+q(x)y=f_2(x) \tag{8}$$

的解，则函数 $y=y_1+y_2$ 一定是方程

$$y''+p(x)y'+q(x)y=f_1(x)+f_2(x)$$

的解.

此性质很容易证明，留给读者自己去完成.

性质3 **函数 y_1 与 y_2 分别是方程(7)与方程(8)的解的充分必要条件是函数 $y=y_1+\mathrm{i}y_2$ 是方程**

$$y''+p(x)y'+q(x)y=f_1(x)+\mathrm{i}f_2(x)$$

的解.

证　由于 $(y_1+\mathrm{i}y_2)''+p(x)(y_1+\mathrm{i}y_2)'+q(x)(y_1+\mathrm{i}y_2)$

$=[y_1''+p(x)y_1'+q(x)y_1]+\mathrm{i}[y_2''+p(x)y_2'+q(x)y_2]$

$=f_1(x)+\mathrm{i}f_2(x)$

的充分必要条件是

$$y_1''+p(x)y_1'+q(x)y_1=f_1(x),$$
$$y_2''+p(x)y_2'+q(x)y_2=f_2(x),$$

故此性质得到证明.

由以上讨论，可以得到下面的定理.

定理3 **(二阶线性非齐次方程解的结构)　如果函数 y^* 是二阶线性非齐次方程(5)**

$$y''+p(x)y'+q(x)y=f(x)$$

的一个特解，$\overline{y}=C_1y_1+C_2y_2$ 是与其相对应的齐次方程(6)

$$y''+p(x)y'+q(x)y=0$$

的通解，则函数

$$y=\overline{y}+y^*=C_1y_1+C_2y_2+y^*$$

是方程(5)的通解.

证　由二阶线性非齐次方程解的性质知 $\overline{y}+y^*$ 一定是方程(5)的解，又由于其中含有两个任意常数，故它是方程(5)的通解.

此定理的结论可推广到 n 阶线性非齐次方程的情形，如下面定理所述.

定理4 **(n 阶线性非齐次方程解的结构)　如果 y^* 是方程(1)**

$y^{(n)}+p_1(x)y^{(n-1)}+p_2(x)y^{(n-2)}+\cdots+p_{n-1}(x)y'+p_n(x)y=f(x)$ 的一个特解，$\overline{y}=C_1y_1+C_2y_2+\cdots+C_ny_n$ 是与其相对应的齐次方程的通解，则 $y=\overline{y}+y^*$ 是方程(1)的通解.

例1　已知二阶线性非齐次方程 $y''+p(x)y'+q(x)y=f(x)$ 的三个特解 $y_1^*=\dfrac{1}{2}(x+1)\cos x$，$y_2^*=\dfrac{1}{2}x\cos x-\sin x$，$y_3^*=\dfrac{1}{2}x\cos x$，

求该方程的通解及满足初始条件 $y(0)=1, y'(0)=1$ 的特解.

解 根据二阶线性非齐次方程解的性质 1,

$$y_1^* - y_3^* = \frac{1}{2}\cos x \quad 与 \quad y_2^* - y_3^* = -\sin x$$

都是相对应的齐次方程的解,并且由于$\frac{1}{2}\cos x$ 与$-\sin x$ 线性无关,因此相对应的齐次方程的通解为

$$\overline{y} = C_1\cos x + C_2\sin x,$$

故已知方程的通解为

$$y = \overline{y} + y_3^* = C_1\cos x + C_2\sin x + \frac{x}{2}\cos x,$$

由此得 $\quad y' = -C_1\sin x + C_2\cos x + \frac{1}{2}\cos x - \frac{x}{2}\sin x,$

将初始条件代入上面两式,得

$$C_1 = 1, \quad C_2 + \frac{1}{2} = 1$$

解得 $C_2 = \frac{1}{2}$,因此所求特解为

$$y = \cos x + \frac{1}{2}\sin x + \frac{x}{2}\cos x.$$

二、二阶线性微分方程的解法

对一般的二阶线性微分方程求解是很困难的,并且没有一般的解法,我们下面所介绍的是在已知方程的某些解的条件下如何求得其通解.

1. 已知二阶线性齐次方程的一个非零特解,求其通解

设 $y=y_1(x)$是方程(4)

$$y'' + p(x)y' + q(x)y = 0$$

的一个非零特解,可以利用下面给出的方法求得它的另一个与 $y_1(x)$线性无关的解 $y=y_2(x)$.

如果我们能找到一个不是常数的函数 $u(x)$,使得 $y_2(x)=u(x)y_1(x)$是方程(4)的解,则这个解便是与 $y_1(x)$线性无关的. 将 $u(x)y_1(x)$代入方程(4)得

$$(y_1u(x))'' + p(x)(y_1u(x))' + q(x)y_1u(x) = 0,$$

整理得

$$[y_1'' + p(x)y_1' + q(x)y_1]u(x) + [2y_1' + p(x)y_1]u'(x) + y_1u''(x) = 0,$$

由于 y_1 是方程(4)的解,有

$$y_1'' + p(x)y_1' + q(x)y_1 = 0,$$

因而有

$$[2y_1' + p(x)y_1]u'(x) + y_1u''(x) = 0,$$

利用分离变量法得

$$\frac{\mathrm{d}u'(x)}{u'(x)}=-\frac{2y_1'+p(x)y_1}{y_1}\mathrm{d}x=\left[-2\frac{y_1'}{y_1}-p(x)\right]\mathrm{d}x,$$

$$\ln|u'(x)|=-2\ln|y_1|-\int p(x)\mathrm{d}x,$$

故得

$$u'(x)=\frac{\mathrm{e}^{-\int p(x)\mathrm{d}x}}{y_1^2},$$

$$u(x)=\int\frac{\mathrm{e}^{-\int p(x)\mathrm{d}x}}{y_1^2}\mathrm{d}x,$$

利用如此求得的 $u(x)$ 便可以得到一个与 $y_1(x)$ 线性无关的解

$$\boxed{y_2=y_1\int\frac{\mathrm{e}^{-\int p(x)\mathrm{d}x}}{y_1^2}\mathrm{d}x. \qquad (9)}$$

此公式称为刘维尔公式.

例 2 $y_1=x$ 是方程 $y''+\frac{1}{x}y'-\frac{1}{x^2}y=0$ 的一个特解,求此方程的通解.

解 由刘维尔公式,可求得另一个与 $y_1=x$ 线性无关的特解

$$y_2=x\int\frac{\mathrm{e}^{-\int\frac{1}{x}\mathrm{d}x}}{x^2}\mathrm{d}x=x\int\frac{1}{x^2}\frac{1}{|x|}\mathrm{d}x=\mathrm{sgn}x\cdot\frac{1}{2x},$$

故所求通解为

$$y=C_1x+\frac{C_2}{x}.$$

2. 已知相对应的线性齐次方程的通解,求二阶线性非齐次方程的特解

设方程(5)

$$y''+p(x)y'+q(x)y=f(x),$$

与其相对应的齐次方程(6)为

$$y''+p(x)y'+q(x)y=0.$$

如果已知方程(6)的通解为

$$\overline{y}=C_1y_1+C_2y_2,$$

(其中 y_1,y_2 是线性无关的)可以像一阶线性微分方程那样,利用常数变易法求得非齐次方程(5)的一个特解,即将 $\overline{y}$ 中的常数 C_1,C_2 变为函数,设

$$y^*=C_1(x)y_1+C_2(x)y_2,$$

对上式求导,得

$$y^{*\prime}=C_1'(x)y_1+C_2'(x)y_2+C_1(x)y_1'+C_2(x)y_2',$$

为计算简单起见,我们可以选取使

$$C_1'(x)y_1+C_2'(x)y_2=0 \qquad (10)$$

成立的 $C_1(x),C_2(x)$,于是

$$y^{*\prime}=C_1(x)y_1'+C_2(x)y_2',$$

$$y^{*\prime\prime}=C_1'(x)y_1'+C_2'(x)y_2'+C_1(x)y_1''+C_2(x)y_2'',$$

将 $y^*, y^{*\prime}, y^{*\prime\prime}$ 代入方程(5)，整理后得

$$C_1(x)[y_1''+p(x)y_1'+q(x)y_1]+C_2(x)[y_2''+p(x)y_2'+q(x)y_2]+C_1'(x)y_1'+C_2'(x)y_2'=f(x),$$

由于 y_1 与 y_2 是方程(6)的解，因此上式变成

$$C_1'(x)y_1'+C_2'(x)y_2'=f(x), \tag{11}$$

如果记 $v(y_1,y_2)=\begin{vmatrix} y_1 & y_2 \\ y_1' & y_2' \end{vmatrix}=y_1y_2'-y_1'y_2$（此式称为伏朗斯基行列式），则由式(10)、式(11) 两式解得

$$C_1'(x)=-\frac{y_2f(x)}{v(y_1,y_2)},\quad C_2'(x)=\frac{y_1f(x)}{v(y_1,y_2)},$$

分别积分，得

$$\boxed{C_1(x)=-\int\frac{y_2f(x)}{v(y_1,y_2)}\mathrm{d}x,\quad C_2(x)=\int\frac{y_1f(x)}{v(y_1,y_2)}\mathrm{d}x,} \tag{12}$$

于是得到方程(5)的一个特解

$$y^*=-y_1\int\frac{y_2f(x)}{v(y_1,y_2)}\mathrm{d}x+y_2\int\frac{y_1f(x)}{v(y_1,y_2)}\mathrm{d}x.$$

因而可得到方程(5)的通解

$$y=C_1y_1+C_2y_2-y_1\int\frac{y_2f(x)}{v(y_1,y_2)}\mathrm{d}x+y_2\int\frac{y_1f(x)}{v(y_1,y_2)}\mathrm{d}x.$$

例 3 设微分方程 $(x-1)y''-xy'+y=(x-1)^2$，已知 $y_1=x$ 是与其相对应的齐次方程的一个解，求此非齐次方程的通解.

解 将方程化成标准形式

$$y''-\frac{x}{x-1}y'+\frac{1}{x-1}y=x-1,$$

首先求与其相对应的齐次方程的通解，由刘维尔公式，得

$$\begin{aligned} y_2&=x\int\frac{1}{x^2}\mathrm{e}^{\int\frac{x}{x-1}\mathrm{d}x}\mathrm{d}x=x\int\frac{1}{x^2}\mathrm{e}^{x+\ln|x-1|}\mathrm{d}x \\ &=\pm x\int\frac{x-1}{x^2}\mathrm{e}^x\mathrm{d}x=\pm x\left(\int\frac{1}{x}\mathrm{e}^x\mathrm{d}x-\int\frac{1}{x^2}\mathrm{e}^x\mathrm{d}x\right) \\ &=\pm x\left(\frac{1}{x}\mathrm{e}^x+\int\frac{1}{x^2}\mathrm{e}^x\mathrm{d}x-\int\frac{1}{x^2}\mathrm{e}^x\mathrm{d}x\right)=\pm\mathrm{e}^x, \end{aligned}$$

（其中 $x\geqslant1$ 时取正号，$x<1$ 时取负号）故相对应的齐次方程的通解为

$$\overline{y}=C_1x+C_2\mathrm{e}^x,$$

设非齐次方程的特解为

$$y^*=C_1(x)x+C_2(x)\mathrm{e}^x,$$

由于 $v(y_1,y_2)=\begin{vmatrix} x & \mathrm{e}^x \\ 1 & \mathrm{e}^x \end{vmatrix}=(x-1)\mathrm{e}^x$，利用式(12)，得

$$C_1(x)=-\int\frac{\mathrm{e}^x(x-1)}{(x-1)\mathrm{e}^x}\mathrm{d}x=-x,$$

$$C_2(x)=\int\frac{x(x-1)}{(x-1)\mathrm{e}^x}\mathrm{d}x=-(x+1)\mathrm{e}^{-x},$$

于是得

$$y^* = -x \cdot x - (x+1)e^{-x} \cdot e^x = -x^2 - x - 1,$$

因此所求方程的通解为

$$y = \bar{y} + y^* = C_1 x + C_2 e^x - x^2 - x - 1.$$

习题 1-4

1. 验证 $y_1 = e^{x^2}$ 与 $y_2 = xe^{x^2}$ 都是方程 $y'' - 4xy' + (4x^2 - 2)y = 0$ 的解，并写出该方程的通解.
2. 已知二阶线性非齐次方程的三个特解 $y_1 = 1, y_2 = x, y_3 = x^2$，求该方程的通解.
3. 已知二阶线性非齐次方程的三个特解 $y_1 = x - (x^2 + 1), y_2 = 3e^x - (x^2 + 1), y_3 = 2x - e^x - (x^2 + 1)$，求该方程满足初始条件 $y(0) = 0, y'(0) = 0$ 的特解.
4. 已知下列各方程的一个特解，求其通解.

   (1) $(2x-1)y'' - (2x+1)y' + 2y = 0, y_1 = e^x$;

   (2) $xy'' - y' = 0, y_1 = 1$.
5. 已知线性齐次方程 $x^2 y'' - xy' + y = 0$ 的通解为 $\bar{y} = C_1 x + C_2 x\ln|x|$，求线性非齐次方程 $x^2 y'' - xy' + y = x$ 的通解.
6. 已知 $y_1(x) = x$ 是线性齐次方程 $x^2 y'' - 2xy' + 2y = 0$ 的一个解，求线性非齐次方程 $x^2 y'' - 2xy' + 2y = 2x^3$ 的通解.

第五节 常系数线性齐次微分方程

如果 n 阶线性微分方程中的系数函数都是常数，则称其为 n 阶常系数线性微分方程. 常系数线性微分方程有比较一般的解法.

本节首先讨论二阶常系数线性齐次微分方程的解法，而后再将它的解法推广到 n 阶方程.

设二阶常系数线性齐次微分方程为

$$y'' + a_1 y' + a_2 y = 0, \tag{1}$$

其中 a_1, a_2 都是常数.

由于方程(1)左端是 y'', y', y 用常系数组合起来的，而且我们知道指数函数 e^{rx} 的各阶导数都是它自身的常数倍，因此我们推测方程(1)可能有指数函数 $y = e^{rx}$ 形式的解.

对 $y = e^{rx}$ 求导，得 $y' = re^{rx}, y'' = r^2 e^{rx}$，将 y, y', y'' 代入方程(1)，得

$$(r^2 + a_1 r + a_2)e^{rx} = 0,$$

由于 $e^{rx} \neq 0$，所以有

$$r^2 + a_1 r + a_2 = 0, \tag{2}$$

因此微分方程(1)是否有形如 $y=e^{rx}$ 的解，取决于代数方程(2)是否有根，根据代数学的知识，方程(2)总是有根的，因此方程(1)确有指数函数形式的解. 我们把方程(2)叫作微分方程(1)的**特征方程**，把方程(2)的根叫作微分方程(1)的**特征根**. 因此求微分方程(1)的解归结为求代数方程(2)的根. 以下根据特征根的三种不同情形，分别给出微分方程(1)通解的求法.

(1) 当特征方程(2)的根是两个不相等的实根 r_1 与 r_2 时，则 $y_1=e^{r_1x}$ 与 $y_2=e^{r_2x}$ 都是方程(1)的解，并且是两个线性无关的解，故此时微分方程(1)的通解为

$$y = C_1 e^{r_1x} + C_2 e^{r_2x}.$$

(2) 当特征方程(2)的根是两个相等的实根 $r_1=r_2$ 时，则 $y_1=e^{r_1x}$ 是微分方程(1)的一个特解，利用刘维尔公式，可以求得另一个与 y_1 线性无关的特解

$$y_2 = e^{r_1x}\int \frac{1}{e^{2r_1x}} e^{-\int a_1 dx} dx = e^{r_1x}\int e^{(-2r_1-a_1)x} dx$$

$$= e^{r_1x}\int dx = xe^{r_1x},$$

于是微分方程(1)的通解为

$$y = C_1 e^{r_1x} + C_2 x e^{r_1x}.$$

(3) 当特征方程(2)的根是一对共轭复根

$$r_1 = \alpha + i\beta, \quad r_2 = \alpha - i\beta$$

时，$y=e^{(\alpha+i\beta)x}$ 与 $y=e^{(\alpha-i\beta)x}$ 都是微分方程(1)的解，但是它们都是复值函数，为了得到实值函数形式的解，利用欧拉公式 $e^{i\theta}=\cos\theta+i\sin\theta$，可将 y_1 写成

$$y_1 = e^{\alpha x}e^{i\beta x} = e^{\alpha x}(\cos\beta x + i\sin\beta x) = e^{\alpha x}\cos\beta x + ie^{\alpha x}\sin\beta x,$$

根据二阶线性齐次方程解的性质 2，$y=e^{\alpha x}\cos\beta x$ 与 $y=e^{\alpha x}\sin\beta x$ 都是微分方程(1)的解，并且这两个解线性无关，因此微分方程的通解为

$$y = C_1 e^{\alpha x}\cos\beta x + C_2 e^{\alpha x}\sin\beta x.$$

如此解二阶常系数线性微分方程的方法称为**特征根法**.

例 1 求下列微分方程的通解：

(1) $y''+2y'-3y=0$； (2) $y''-y'=0$.

解 (1) 特征方程为

$$r^2 + 2r - 3 = 0,$$

其根为 $r_1=1, r_2=-3$，因此所求通解为

$$y = C_1 e^x + C_2 e^{-3x};$$

(2) 特征方程为

$$r^2 - r = 0,$$

其根为 $r_1=0, r_2=1$，因此所求通解为

$$y = C_1 + C_2 e^x.$$

例 2 求微分方程 $y''+4y'+4y=0$ 的通解.

解 特征方程为

$$r^2 + 4r + 4 = 0,$$

其根为 $r_1=r_2=-2$,因此所求通解为

$$y = C_1 e^{-2x} + C_2 x e^{-2x}.$$

例 3 求下列微分方程的通解:

(1) $y''+2y'+5y=0$; (2) $y''+3y=0$.

解 (1) 特征方程为

$$r^2 + 2r + 5 = 0,$$

其根为 $r=-1\pm 2\mathrm{i}$,因此所求通解为

$$y = C_1 e^{-x}\cos 2x + C_2 e^{-x}\sin 2x;$$

(2) 特征方程为

$$r^2 + 3 = 0,$$

其根为 $r=\pm\sqrt{3}\mathrm{i}$,因此所求通解为

$$y = C_1\cos\sqrt{3}x + C_2\sin\sqrt{3}x.$$

上面求解二阶常系数线性齐次方程的特征根法可以推广到 n 阶常系数线性齐次微分方程的情形.

设 n 阶常系数线性齐次微分方程

$$y^{(n)} + a_1 y^{(n-1)} + \cdots + a_{n-1}y' + a_n y = 0, \tag{3}$$

其中 $a_1, a_2, \cdots, a_n$ 都是常数. 方程

$$r^n + a_1 r^{n-1} + \cdots + a_{n-1}r + a_n = 0 \tag{4}$$

叫作微分方程(3)的特征方程,方程(4)的根叫作微分方程(3)的特征根.

由代数学知道,方程(4)有 n 个根(重根按重数计算,例如将二重根看作两个根),可以证明:

由方程(4)的每一个单重实根 r,可以得到方程(3)的一个特解

$$y = e^{rx};$$

由方程(4)的每一个 k 重实根 r,可以得到方程(3)的 k 个特解

$$y = e^{rx},\quad y = xe^{rx},\quad \cdots,\quad y = x^{k-1}e^{rx};$$

由方程(4)的每一对单重共轭复根 $r=\alpha\pm \mathrm{i}\beta$,可以得到方程(3)的两个特解

$$y = e^{\alpha x}\cos\beta x,\quad y = e^{\alpha x}\sin\beta x;$$

由方程(4)的每一对 k 重复根 $r=\alpha\pm \mathrm{i}\beta$,可以得到方程(3)的 $2k$ 个特解

$$y = e^{\alpha x}\cos\beta x,\quad y = e^{\alpha x}\sin\beta x,$$
$$y = xe^{\alpha x}\cos\beta x,\quad y = xe^{\alpha x}\sin\beta x,\quad \cdots,$$
$$y = x^{k-1}e^{\alpha x}\cos\beta x,\quad y = x^{k-1}e^{\alpha x}\sin\beta x.$$

这样一共得到方程(3)的 n 个特解,可以证明(但这里证明略),这 n

个解是线性无关的，因此便可以得到微分方程(3)的通解.

例 4 求微分方程 $y^{(4)}-y=0$ 的通解.

解 特征方程为 $r^4-1=0$，

其根为 $r_1=1, r_2=-1, r_{3,4}=\pm \mathrm{i}$，因此所求通解为

$$y=C_1\mathrm{e}^{x}+C_2\mathrm{e}^{-x}+C_3\cos x+C_4\sin x.$$

例 5 求微分方程 $y^{(4)}-4y'''+13y''=0$ 的通解.

解 特征方程为

$$r^4-4r^3+13r^2=0,$$

即

$$r^2(r^2-4r+13)=0,$$

求得特征根为 $r_1=r_2=0, r_{3,4}=2\pm 3\mathrm{i}$，因此所求通解为

$$y=C_1+C_2x+C_3\mathrm{e}^{2x}\cos 3x+C_4\mathrm{e}^{2x}\sin 3x.$$

例 6 求微分方程 $y^{(5)}+y^{(4)}+2y'''+2y''+y'+y=0$ 的通解.

解 特征方程为

$$r^5+r^4+2r^3+2r^2+r+1=0,$$

即

$$r^4(r+1)+2r^2(r+1)+(r+1)=0,$$

$$(r+1)(r^4+2r^2+1)=(r+1)(r^2+1)^2=0,$$

故特征根为 $r_1=-1, r_{2,3}=\pm \mathrm{i}$(二重)，因此所求通解为

$$y=C_1\mathrm{e}^{-x}+C_2\cos x+C_3\sin x+C_4x\cos x+C_5x\sin x.$$

习题 1-5

1. 求下列微分方程的通解：

(1) $y''+8y'+15y=0$； (2) $y''+6y'+9y=0$；

(3) $y''+4y'+5y=0$； (4) $\dfrac{\mathrm{d}^2s}{\mathrm{d}t^2}-2\dfrac{\mathrm{d}s}{\mathrm{d}t}=0$；

(5) $4\dfrac{\mathrm{d}^2x}{\mathrm{d}t^2}-20\dfrac{\mathrm{d}x}{\mathrm{d}t}+25x=0$； (6) $y''+y=0$.

2. 求下列初值问题的解：

(1) $\begin{cases} y''+4y'+4y=0, \\ y|_{x=0}=1, y'|_{x=0}=1; \end{cases}$

(2) $\begin{cases} 4y''+9y=0, \\ y(0)=2, y'(0)=-1; \end{cases}$

(3) $y''-4y'+3y=0, y|_{x=0}=6, y'|_{x=0}=10$；

(4) $y''-3y'-4y=0, y|_{x=0}=0, y'|_{x=0}=-5$；

(5) $y''-4y'+13y=0, y|_{x=0}=0, y'|_{x=0}=3$.

3. 求下列微分方程的通解：

(1) $y'''-y=0$； (2) $y'''-2y'+y=0$；

(3) $y'''+3y''+3y'+y=0$； (4) $y^{(4)}-y=0$；

(5) $y^{(4)}+2y''+y=0$.

4. 求微分方程 $y''+y=\frac{1}{\cos x}$ 的通解.

第六节 常系数线性非齐次微分方程

一、常系数线性非齐次方程

上一节我们讨论了常系数线性齐次微分方程的解法，根据线性非齐次微分方程解的结构，我们只需再求出常系数线性非齐次微分方程的一个特解，便可以得到它的通解. 对于 n 阶常系数线性非齐次微分方程，如果其自由项 $f(x)$ 的形式为 $P_m(x)e^{\lambda x}$，$P_m(x)e^{\alpha x}\cos\beta x$，$P_m(x)e^{\alpha x}\sin\beta x$（其中 $P_m(x)$ 是 m 次多项式，λ,α,β 是常数），可以利用待定系数法求其特解. 即根据微分方程中自由项 $f(x)$ 的形式预先设定特解的形式，再将所设定的特解代入微分方程求出其中所包含的待定常数的值.

下面先对二阶常系数线性微分方程进行讨论，所得结果可推广到 n 阶情形.

设二阶常系数线性非齐次微分方程为

$$y''+a_1y'+a_2y=f(x), \tag{1}$$

相应的齐次微分方程为

$$y''+a_1y'+a_2y=0. \tag{2}$$

我们将根据自由项的不同形式分别讨论如下.

1. 当自由项 $f(x)=P_m(x)e^{\lambda x}$ 时

因为方程(1)的左端是 y,y',y'' 用常系数组合起来的，又因为多项式与指数函数乘积的导数仍然是多项式与指数函数的乘积，所以我们推测方程可能有形式为 $y^*=Q(x)e^{\lambda x}$（其中 $Q(x)$ 是一待定多项式）的特解，求出 y^* 的一阶导数和二阶导数

$$y^{*\prime}=e^{\lambda x}[\lambda Q(x)+Q'(x)],$$

$$y^{*\prime\prime}=e^{\lambda x}[\lambda^2Q(x)+2\lambda Q'(x)+Q''(x)],$$

将 $y^*,y^{*\prime},y^{*\prime\prime}$ 代入方程(1)中，消去 $e^{\lambda x}$，得

$$Q''(x)+(2\lambda+a_1)Q'(x)+(\lambda^2+a_1\lambda+a_2)Q(x)=P_m(x). \tag{3}$$

(1) 如果 λ 不是与方程(1)相对应的齐次方程(2)的特征根，即有 $\lambda^2+a_1\lambda+a_2\neq0$，则由式(3)可知，$Q(x)$ 必须是 m 次多项式，因此只要令

$$Q(x)=Q_m(x)=b_0x^m+b_1x^{m-1}+\cdots+b_{m-1}x+b_m,$$

代入式(3)，比较等式两端 x 的同次幂系数，就可以确定 $b_0,b_1,\cdots b_{m-1},b_m$，从而使 $y^*=Q_m(x)e^{\lambda x}$ 成为方程(1)的特解.

(2) 如果 λ 是齐次方程(2)的单重特征根，即有 $\lambda^2+a_1\lambda+a_2=0$，但

是 $2\lambda+a_1\neq0$，则式(3)变为

$$Q''(x)+(2\lambda+a_1)Q'(x)=P_m(x), \tag{3'}$$

由此可知，$Q'(x)$必须是 m 次多项式，从而 $Q(x)$必须是 $m+1$ 次多项式，因此只要令

$$Q(x)=xQ_m(x)=x(b_0x^m+b_1x^{m-1}+\cdots+b_{m-1}x+b_m),$$

代入式(3′)，确定出 $b_0,b_1,\cdots,b_{m-1},b_m$，就可以使 $y^*=xQ_m(x)e^{\lambda x}$ 成为方程(1)的特解.

(3) 如果 λ 是齐次方程(2)的二重特征根，即有 $\lambda^2+a_1\lambda+a_2=0$，并且 $2\lambda+a_1=0$，则式(3) 变成

$$Q''(x)=P_m(x), \tag{3''}$$

由此可知，$Q''(x)$必须是 m 次多项式，从而 $Q(x)$必须是 $m+2$ 次多项式，故只要令

$$Q(x)=x^2Q_m(x)=x^2(b_0x^m+b_1x^{m-1}+\cdots+b_{m-1}x+b_m),$$

代入式(3″)，确定出 $b_0,b_1,\cdots,b_{m-1},b_m$，就可以使 $y^*=x^2Q_m(x)e^{\lambda x}$ 成为方程(1)的特解.

综上所述，当方程(1)的自由项 $f(x)=P_m(x)e^{\lambda x}$ 时，可设其特解为

$$y^*=x^kQ_m(x)e^{\lambda x},$$

其中 $Q_m(x)$是与 $P_m(x)$次数相同的多项式，而 k 的值要这样取：当 λ 不是方程(2)的特征根时，$k=0$；当 λ 是方程(2)的单重特征根时，$k=1$；当 λ 是方程(2)的二重特征根时，$k=2$.

如此求特解的方法对 n 阶常系数线性非齐次微分方程也适用.

例 1 求下列微分方程的通解：

(1) $y''+y'-2y=(x-2)e^{5x}$；

(2) $y''+y=x^2+x$.

解 (1) 对应齐次方程为 $y''+y'-2y=0$，其特征方程为

$$r^2+r-2=0,$$

解得特征根为 $r_1=-2,r_2=1$，故此齐次方程的通解为

$$\overline{y}=C_1e^{-2x}+C_2e^x,$$

此处自由项为 $f(x)=(x-2)e^{5x}$，此处 $\lambda=5$ 不是对应齐次方程的特征根，因此设特解

$$y^*=(Ax+B)e^{5x},$$

求得 $y^{*\prime},y^{*\prime\prime}$后将它们代入所给方程，得

$$(28Ax+28B+11A)e^{5x}=(x-2)e^{5x},$$

消去 e^{5x}，得

$$28Ax+28B+11A=x-2,$$

比较等式两端 x 的同次幂系数，得

$$28A=1,\quad 28B+11A=-2,$$

解得 $$A=\frac{1}{28},\quad B=-\frac{67}{784},$$

于是
$$y^* = \left(\frac{x}{28} - \frac{67}{784}\right)e^{5x},$$
所求通解为
$$y = C_1 e^{-2x} + C_2 e^x + \left(\frac{x}{28} - \frac{67}{784}\right)e^{5x};$$

(2) 对应齐次方程为 $y''+y=0$，其特征方程为 $r^2+1=0$，解得特征根 $r_{1,2}=\pm i$，故此齐次方程的通解为
$$\overline{y} = C_1\cos x + C_2\sin x,$$
此处自由项为 $f(x)=x^2+x=(x^2+x)e^{0x}$，此处 $\lambda=0$ 不是对应齐次方程的特征根，因此设特解
$$y^* = Ax^2 + Bx + C,$$
将 $y^*, y^{*\prime}, y^{*\prime\prime}$ 代入所给方程，得
$$Ax^2 + Bx + (2A + C) = x^2 + x,$$
比较等式两端 x 的同次幂系数，得
$$A = 1,\quad B = 1,\quad 2A + C = 0,$$
解得 $C=-2$，故
$$y^* = x^2 + x - 2,$$
于是所求通解为
$$y = C_1\cos x + C_2\sin x + x^2 + x - 2.$$

例 2　分别求出下列微分方程的一个特解.

(1) $y''-5y'+6y=xe^{2x}$;

(2) $y''+y'=x^2+1$.

解　(1) 相应齐次方程的特征方程为 $r^2-5r+6=0$，解得特征根 $r_1=2, r_2=3$，此处自由项 $f(x)=xe^{2x}$ 中的 $\lambda=2$ 是单重特征根，因此设特解
$$y^* = x(Ax + B)e^{2x},$$
代入所给方程，得
$$-2Ax + 2A - B = x,$$
比较等式两端 x 的同次幂系数，得
$$-2A = 1,\quad 2A - B = 0,$$
解得 $A=-\frac{1}{2}, B=-1$，因此方程的一个特解
$$y^* = \left(-\frac{x^2}{2} - x\right)e^{2x};$$

(2) 相应齐次方程的特征方程为 $r^2+r=0$，解得特征根 $r_1=0$，$r_2=-1$，此处自由项 $f(x)=x^2+1=(x^2+1)e^{0x}$，其中 $\lambda=0$ 是单重特征根，因此设特解
$$y^* = x(Ax^2 + Bx + C) = Ax^3 + Bx^2 + Cx,$$
代入所给方程，得
$$3Ax^2 + (6A + 2B)x + 2B + C = x^2 + 1,$$

比较等式两端 x 的同次幂系数，得

$$3A=1,\quad 6A+2B=0,\quad 2B+C=1,$$

解得 $A=\dfrac{1}{3}$，$B=-1$，$C=3$，因此方程的一个特解为

$$y^*=\frac{1}{3}x^3-x^2+3x.$$

例 3 求微分方程 $y''-4y'+4y=6\mathrm{e}^{2x}$ 的通解.

解 对应齐次方程为 $y''-4y'+4y=0$，特征方程为 $r^2-4r+4=0$，解得 $r_{1,2}=2$，故此齐次方程的通解为

$$\overline{y}=C_1\mathrm{e}^{2x}+C_2x\mathrm{e}^{2x},$$

此处自由项 $f(x)=6\mathrm{e}^{2x}$，其中 $\lambda=2$ 是二重特征根，故设其特解

$$y^*=Ax^2\mathrm{e}^{2x},$$

$$y^{*\prime}=A(2x^2+2x)\mathrm{e}^{2x},\quad y^{*\prime\prime}=A(4x^2+8x+2)\mathrm{e}^{2x},$$

代入所给方程，得

$$2A\mathrm{e}^{2x}=6\mathrm{e}^{2x},$$

故 $2A=6$，得 $A=3$，于是

$$y^*=3x^2\mathrm{e}^{2x},$$

所求通解为

$$y=C_1\mathrm{e}^{2x}+C_2x\mathrm{e}^{2x}+3x^2\mathrm{e}^{2x}.$$

例 4 求微分方程 $y'''+3y''+3y'+y=(x-5)\mathrm{e}^{-x}$ 的一个特解.

解 对应齐次方程的特征方程为

$$r^3+3r^2+3r+1=(r+1)^3=0,$$

$r=-1$ 为三重特征根，此处方程自由项中的 $\lambda=-1$，故设特解为

$$y^*=x^3(Ax+B)\mathrm{e}^{-x},$$

代入所给方程，得

$$24Ax+6B=x-5,$$

得 $24A=1$，$6B=-5$，于是 $A=\dfrac{1}{24}$，$B=-\dfrac{5}{6}$，因而得方程的一个特解

$$y^*=\frac{x^3}{24}(x-20)\mathrm{e}^{-x}.$$

2. 当自由项 $f(x)=P_m(x)\mathrm{e}^{\alpha x}\cos\beta x$ 或 $f(x)=P_m(x)\mathrm{e}^{\alpha x}\sin\beta x$ 时

我们可以利用上面所给出的方法，先求出辅助微分方程

$$y''+a_1y'+a_2y=P_m(x)\mathrm{e}^{\alpha x}\cos\beta x+\mathrm{i}P_m(x)\mathrm{e}^{\alpha x}\sin\beta x=P_m(x)\mathrm{e}^{(\alpha+\mathrm{i}\beta)x}$$

的特解 $y^*=y_1^*+\mathrm{i}y_2^*$，根据线性非齐次微分方程解的性质 3，$y_1^*$ 便是微分方程

$$y''+a_1y'+a_2y=P_m(x)\mathrm{e}^{\alpha x}\cos\beta x$$

的一个特解，而 y_2^* 便是微分方程

$$y''+a_1y'+a_2y=P_m(x)\mathrm{e}^{\alpha x}\sin\beta x$$

的一个特解.

也可以根据微分方程自由项的形式,推测特解具有与其类似的形式,将其代入微分方程后,通过分析可以得出如下结论.

当微分方程的自由项为 $f(x)=P_m(x)\mathrm{e}^{\alpha x}\cos\beta x$ 或 $f(x)=P_m(x)\mathrm{e}^{\alpha x}\sin\beta x$时,可设特解

$$y^*=x^k\mathrm{e}^{\alpha x}[Q_m(x)\cos\beta x+R_m(x)\sin\beta x],$$

其中 $Q_m(x)$与 $R_m(x)$都是 m 次待定多项式,k 的取法为:当 $\alpha+\mathrm{i}\beta$ 不是相应齐次微分方程的特征根时,取 $k=0$;当 $\alpha+\mathrm{i}\beta$ 是相应齐次微分方程的单重特征根时,取 $k=1$.

上述方法对 n 阶常系数线性非齐次微分方程的情形也适用.

例 5　求微分方程 $y''+y=x\mathrm{e}^x\sin x$ 的一个特解.

解　相应齐次微分方程的特征方程为 $r^2+1=0$,特征根为 $r_{1,2}=\pm\mathrm{i}$,下面先求辅助方程

$$y''+y=x\mathrm{e}^x\cos x+\mathrm{i}x\mathrm{e}^x\sin x=x\mathrm{e}^{(1+\mathrm{i})x}$$

的特解,由于 $\lambda=1+\mathrm{i}$ 不是特征根,故设此辅助方程的特解为

$$y^*=(Ax+B)\mathrm{e}^{(1+\mathrm{i})x},$$

代入辅助方程并整理,得

$$A(1+2\mathrm{i})x+2A(1+\mathrm{i})+2B\mathrm{i}+B=x,$$

比较等式两端 x 的同次幂系数,得

$$A(1+2\mathrm{i})=1,\quad 2A(1+\mathrm{i})+2B\mathrm{i}+B=0,$$

解得 $A=\dfrac{1}{1+2\mathrm{i}}=\dfrac{1-2\mathrm{i}}{5}$,$B=-\dfrac{2(1+\mathrm{i})}{1+2\mathrm{i}}A=\dfrac{-2+14\mathrm{i}}{25}$,因此

$$y^*=\mathrm{e}^x\left(\frac{1-2\mathrm{i}}{5}x+\frac{-2+14\mathrm{i}}{25}\right)(\cos x+\mathrm{i}\sin x),$$

取其虚部,得所要求的特解

$$y_2^*=\mathrm{e}^x\left[\left(-\frac{2}{5}x+\frac{14}{25}\right)\cos x+\left(\frac{1}{5}x-\frac{2}{25}\right)\sin x\right].$$

例 6　求微分方程 $y''-2y'+2y=\mathrm{e}^x\cos x$ 的一个特解.

解　相应齐次方程的特征方程为 $r^2-2r+2=0$,特征根为 $r_{1,2}=1\pm\mathrm{i}$,此处方程自由项 $\mathrm{e}^x\cos x$,其中 $\alpha=1,\beta=1$,由于 $\alpha+\mathrm{i}\beta=1+\mathrm{i}$ 是单重特征根,故设特解为

$$y^*=x\mathrm{e}^x(A\cos x+B\sin x),$$

代入已知方程,得

$$2\mathrm{e}^x(B\cos x-A\sin x)=\mathrm{e}^x\cos x,$$

$$2B\cos x-2A\sin x=\cos x,$$

比较等式两端 $\cos x$ 与 $\sin x$ 的系数,得

$$2B=1,\quad -2A=0,\quad 故\ A=0,\quad B=\frac{1}{2},$$

因此

$$y^*=\frac{x}{2}\mathrm{e}^x\sin x.$$

例 7 求微分方程 $y''+y=x^2+x+x\cos 2x$ 的一个特解.

解 由例 1(2)，函数 $y_1^*=x^2+x-2$ 是方程

$$y''+y=x^2+x$$

的一个特解，下面再求方程

$$y''+y=x\cos 2x$$

的一个特解，由于 $0+2\mathrm{i}$ 不是特征根，故设此方程的特解

$$y_2^*=(Ax+B)\cos 2x+(Cx+D)\sin 2x,$$

代入上面方程，得

$$(-3Ax-3B+4C)\cos 2x-(3Cx+3D+4A)\sin 2x=x\cos 2x,$$

比较等式两端 $\cos 2x$ 和 $\sin 2x$ 的系数，得

$$-3Ax-3B+4C=x,\quad -(3Cx+3D+4A)=0,$$

再分别比较此二等式两端 x 的同次幂系数，得

$$-3A=1,\quad -3B+4C=0,\quad 3C=0,\quad 3D+4A=0,$$

解得 $A=-\dfrac{1}{3}$，$B=0$，$C=0$，$D=\dfrac{4}{9}$，于是得

$$y_2^*=-\frac{x}{3}\cos 2x+\frac{4}{9}\sin 2x,$$

根据线性非齐次微分方程解的性质 2，得所给方程的特解

$$y^*=y_1^*+y_2^*=x^2+x-2-\frac{x}{3}\cos 2x+\frac{4}{9}\sin 2x.$$

例 8 求微分方程 $y''-4y'+4y=6\mathrm{e}^{2x}+2\sin^2 x$ 的一个特解.

解 由例 3，$y_1^*=3x^2\mathrm{e}^{2x}$ 是方程

$$y''-4y'+4y=6\mathrm{e}^{2x}$$

的一个特解，由于 $2\sin^2 x=1-\cos 2x$，下面再分别求方程

$$y''-4y'+4y=1$$

和

$$y''-4y'+4y=-\cos 2x$$

的特解 y_2^* 和 y_3^*，设

$$y_2^*=A,\quad y_3^*=B\cos 2x+C\sin 2x,$$

分别代入上面两个方程，解得

$$A=\frac{1}{4},\quad B=0,\quad C=\frac{1}{8},$$

于是 $y_2^*=\dfrac{1}{4}$，$y_3^*=\dfrac{1}{8}\sin 2x$，因而得所给方程的特解

$$y^*=y_1^*+y_2^*+y_3^*=3x^2\mathrm{e}^{2x}+\frac{1}{4}+\frac{1}{8}\sin 2x$$

二、欧拉方程

对变系数的线性微分方程，一般来说是不容易求解的，但是有些特殊的变系数线性微分方程可以通过变量代换化为常系数线性

微分方程,从而可以求得其解,欧拉方程就是其中的一种.

形式为

$$x^n y^{(n)} + a_1 x^{n-1} y^{(n-1)} + \cdots + a_{n-1} x y' + a_n y = f(x)$$

的方程称为欧拉方程,其中 $a_1, a_2, \cdots, a_n$ 都是常数.

当 $x>0$ 时,如作变量代换

$$t = \ln x, \quad 即 \quad x = e^t,$$

将方程中的自变量 x 换成 t,则有

$$\frac{dy}{dx} = \frac{dy}{dt}\frac{dt}{dx} = \frac{1}{x}\frac{dy}{dt},$$

$$\frac{d^2y}{dx^2} = \frac{d}{dx}\left(\frac{1}{x}\frac{dy}{dt}\right) = \frac{-1}{x^2}\frac{dy}{dt} + \frac{1}{x}\frac{d}{dt}\left(\frac{dy}{dt}\right)\frac{dt}{dx} = -\frac{1}{x^2}\frac{dy}{dt} + \frac{1}{x^2}\frac{d^2y}{dt^2},$$

$\cdots,$

将它们代入欧拉方程,便可成功地消去系数中的 x,从而将其化成常系数线性微分方程,求出此方程的解后,将变量 t 还原成 x,即可得到原方程的解.

当 $x<0$ 时,可将上述变换改为 $-x=e^t$,此时依然有

$$\frac{dy}{dx} = \frac{1}{x}\frac{dy}{dt}, \quad \frac{d^2y}{dx^2} = -\frac{1}{x^2}\frac{dy}{dt} + \frac{1}{x^2}\frac{d^2y}{dt^2}, \cdots,$$

故以后求解时只要考虑 $x>0$ 的情形即可.

例 9 求微分方程 $x^2y''+xy'-y=3x^2$ 的通解.

解 方程为欧拉方程. 令 $x=e^t$,即 $t=\ln x$,于是

$$\frac{dy}{dx} = \frac{1}{x}\frac{dy}{dt}, \quad \frac{d^2y}{dx^2} = -\frac{1}{x^2}\frac{dy}{dt} + \frac{1}{x^2}\frac{d^2y}{dt^2},$$

代入已知方程,得出新方程

$$\frac{d^2y}{dt^2} - y = 3e^{2t},$$

与其对应的齐次方程的通解为

$$\overline{y} = C_1e^t + C_2e^{-t},$$

设 $y^* = Ae^{2t}$,代入上面新方程,解得 $A=1$,故 $y^* = e^{2t}$,于是新方程的通解为

$$y = C_1e^t + C_2e^{-t} + e^{2t},$$

将 t 换成 $\ln x$,得原方程的通解为

$$y = C_1x + \frac{C_2}{x} + x^2.$$

三、常系数线性微分方程组

在有些实际问题中,会遇到 n 个未知函数,它们都是同一个自变量的函数,满足由 n 个微分方程组成的方程组(方程的个数与未知函数的个数相同),这样的方程组称为微分方程组. 如果微分方程组中的每一个方程都是常系数线性微分方程,这样的微分方程组叫

作常系数线性微分方程组.

类似于求代数方程组的解,我们可以用下述消元法求常系数线性微分方程组的解:首先通过加减法、代入法以及求导法消去方程组中一些未知函数及其各阶导数,得到只含有一个未知函数的高阶常系数线性微分方程,然后解此方程求得一个未知函数,再将此函数代入已知方程组或消元过程中得到的某些方程逐个求出其他未知函数.

例 10 求微分方程组

$$\begin{cases} \dfrac{dx}{dt} = 3x - 2y, & \text{(a)} \\ \dfrac{dy}{dt} = 2x - y & \text{(b)} \end{cases}$$

的通解及满足 $x|_{t=0}=1, y|_{t=0}=0$ 的特解.

解 这是含有两个未知函数 $x=x(t), y=y(t)$ 的一阶常系数线性方程组,首先设法消去未知函数 y 及其导数.

$2\times$式(b)$-$式(a),得 $2\dfrac{dy}{dt}-\dfrac{dx}{dt}=x$,

即
$$2\frac{dy}{dt} = \frac{dx}{dt} + x, \tag{c}$$

式(a)两端对 t 求导,并将式(c)代入,得

$$\frac{d^2x}{dt^2} = 3\frac{dx}{dt} - 2\frac{dy}{dt} = 3\frac{dx}{dt} - \left(\frac{dx}{dt} + x\right),$$

即
$$\frac{d^2x}{dt^2} - 2\frac{dx}{dt} + x = 0,$$

此方程的通解为

$$x = (C_1 + C_2 t)e^t,$$

将上式代入式(a),得

$$y = \frac{1}{2}\left(3x - \frac{dx}{dt}\right) = \frac{1}{2}(3C_1 + 3C_2 t - C_2 - C_1 - C_2 t)e^t$$

$$= \frac{1}{2}(2C_1 - C_2 + 2C_2 t)e^t,$$

因此方程组的通解为

$$\begin{cases} x = (C_1 + C_2 t)e^t, \\ y = \dfrac{1}{2}(2C_1 - C_2 + 2C_2 t)e^t, \end{cases}$$

将初始条件代入,得

$$C_1 = 1, \quad \frac{1}{2}(2C_1 - C_2) = 0,$$

解得 $C_2=2$,于是所求特解为

$$\begin{cases} x = (1 + 2t)e^t, \\ y = 2te^t. \end{cases}$$

例 11 求微分方程组

$$\begin{cases}\dfrac{dx}{dt}+2x+\dfrac{dy}{dt}+6y=2e^t, & (a)\\ 2\dfrac{dx}{dt}+3x+3\dfrac{dy}{dt}+8y=-1 & (b)\end{cases}$$

的通解.

解 首先设法消去未知函数 x 及其导数. $2\times$式(a)$-$式(b),得

$$x-\frac{dy}{dt}+4y=4e^t+1,$$

即

$$x=\frac{dy}{dt}-4y+4e^t+1, \qquad (c)$$

将式(c)代入式(a),得

$$\frac{d^2y}{dt^2}-\frac{dy}{dt}-2y=-10e^t-2,$$

此方程的通解为

$$y=C_1e^{-t}+C_2e^{2t}+5e^t+1,$$

将上式代入式(c),得

$$x=-5C_1e^{-t}-2C_2e^{2t}-11e^t-3,$$

故方程组的通解为

$$\begin{cases}x=-5C_1e^{-t}-2C_2e^{2t}-11e^t-3,\\ y=C_1e^{-t}+C_2e^{2t}+5e^t+1.\end{cases}$$

习题 1-6

1. 求下列方程的通解:

(1) $y''-7y'+12y=x$; (2) $y''-3y'=2-6x$;

(3) $2y''+y'-y=2e^x$; (4) $y''-3y'+2y=3e^{2x}$;

(5) $y''+y=\cos 2x$; (6) $y''+y=\sin x$;

(7) $y''+4y=x\cos x$; (8) $y''-6y'+9y=(x+1)e^{3x}$;

(9) $y''-2y'+5y=e^x\sin 2x$; (10) $y''-y=\sin^2 x$;

(11) $y''+y=e^x+\cos x$; (12) $y^{(4)}+3y''-4y=e^x$;

(13) $y''+y=\cos x\cos 2x$.

2. 求解下列初值问题:

(1) $y''-3y'+2y=5, y|_{x=0}=1, y'|_{x=0}=2$;

(2) $y''+y'-2y=(x+1)e^x, y(0)=1, y'(0)=2$;

(3) $y''+4y=12\cos^2 x, y(0)=2, y'(0)=1$.

3. 求下列微分方程的通解:

(1) $x^2y''+xy'-y=0$; (2) $y''-\dfrac{y'}{x}+\dfrac{y}{x^2}=\dfrac{2}{x}$;

(3) $x^2y''-2xy'+2y=\ln^2 x-2\ln x$;

(4) $\dfrac{d^2y}{dr^2}+\dfrac{2}{r}\dfrac{dy}{dr}-\dfrac{n(n+1)}{r^2}y=0$($r>0$,$n$ 为正整数);

(5) $x^2y''+xy'+y=2\sin\ln x$;

(6) $x^3y''-x^2y'+xy=x^2+1$.

4. 求下列微分方程组的通解:

(1) $\begin{cases}\dfrac{dx}{dt}-3x+2y=\cos t,\\ \dfrac{dy}{dt}-2x+y=0;\end{cases}$ (2) $\begin{cases}\dfrac{dx}{dt}+\dfrac{dy}{dt}=-x+y+3,\\ \dfrac{dx}{dt}-\dfrac{dy}{dt}=x+y-3;\end{cases}$

(3) $\begin{cases}\dfrac{dx}{dt}+\dfrac{dy}{dt}-2y=e^{2t},\\ \dfrac{dy}{dt}+2\dfrac{dx}{dt}-3x=0;\end{cases}$ (4) $\begin{cases}2\dfrac{dx}{dt}+\dfrac{dy}{dt}+y-t=0,\\ \dfrac{dx}{dt}+\dfrac{dy}{dt}-x-y-2t=0.\end{cases}$

5. 求解下列微分方程组:

(1) $\begin{cases}\dfrac{dx}{dt}=y+x,\\ \dfrac{dy}{dt}=y-x+1,\\ x(0)=0,y(0)=0;\end{cases}$ (2) $\begin{cases}\dfrac{d^2x}{dt^2}+2\dfrac{dy}{dt}-x=0,\\ \dfrac{dx}{dt}+y=0,\\ x(0)=1,y(0)=0;\end{cases}$

(3) $\begin{cases}2\dfrac{dx}{dt}-4x+\dfrac{dy}{dt}-y=e^t,\\ \dfrac{dx}{dt}+3x+y=0,\\ x(0)=\dfrac{3}{2},y(0)=0;\end{cases}$ (4) $\begin{cases}\dfrac{dx}{dt}+y=0,\\ \dfrac{dx}{dt}-\dfrac{dy}{dt}=3x+y,\\ x(0)=1,y(0)=1.\end{cases}$

第七节　综合例题

例 1　设 $f(x)$为连续函数,

(1) 求初值问题 $\begin{cases}y'+ay=f(x),\\ y|_{x=0}=0\end{cases}$ 的解 $y(x)$,其中 a 是正常数;

(2) 若$|f(x)|\leqslant k$(k 为常数),证明:当 $x\geqslant 0$ 时,有$|y(x)|\leqslant \dfrac{k}{a}(1-e^{-ax})$.

解　(1) 由一阶线性方程求初值问题解的公式,得

$$y(x)=e^{-\int_0^x a dx}\left[y_0+\int_0^x f(x)e^{\int_0^x a dx}dx\right]$$

$$=e^{-ax}\left[0+\int_0^x f(x)e^{ax}dx\right]=e^{-ax}\int_0^x f(x)e^{ax}dx;$$

(2) $$|y(x)|=e^{-ax}\left|\int_0^x f(x)e^{ax}dx\right|$$

$$\leqslant e^{-ax}\int_0^x \left| f(x) \right| e^{ax}dx$$

$$\leqslant e^{-ax}\int_0^x k e^{ax}dx=\frac{k}{a}e^{-ax}(e^{ax}-1)$$

$$=\frac{k}{a}(1-e^{-ax}).$$

例 2　求解初值问题$\begin{cases}y''+4y=f(x),\\ y(0)=0,y'(0)=0,\end{cases}$其中

$$f(x)=\begin{cases}\sin x, & 0\leqslant x\leqslant\frac{\pi}{2},\\ 1, & \frac{\pi}{2}<x<+\infty.\end{cases}$$

解　当$0\leqslant x\leqslant\frac{\pi}{2}$时，初值问题为

$$\begin{cases}y''+4y=\sin x,\\ y(0)=0,y'(0)=0,\end{cases}$$

解得　$$y=-\frac{1}{6}\sin 2x+\frac{1}{3}\sin x,$$

由此可得　$$y\left(\frac{\pi}{2}\right)=\frac{1}{3},\quad y'\left(\frac{\pi}{2}\right)=\frac{1}{3}.$$

当$\frac{\pi}{2}\leqslant x<+\infty$时，初值问题为

$$\begin{cases}y''+4y=1,\\ y\left(\frac{\pi}{2}\right)=\frac{1}{3},y'\left(\frac{\pi}{2}\right)=\frac{1}{3},\end{cases}$$

解得　$$y=-\frac{1}{12}\cos 2x-\frac{1}{6}\sin 2x+\frac{1}{4},$$

因此所求初值问题的解为

$$y=\begin{cases}-\frac{1}{6}\sin 2x+\frac{1}{3}\sin x, & 0\leqslant x\leqslant\frac{\pi}{2},\\ -\frac{1}{12}\cos 2x-\frac{1}{6}\sin 2x+\frac{1}{4}, & \frac{\pi}{2}<x<+\infty.\end{cases}$$

例 3　设方程 $y''+\alpha y'+\beta y=\gamma e^x$ 的一个特解为 $y_0=e^{2x}+(1+x)e^x$，试确定 α,β,γ 的值，并求该方程的通解.

解　$y_0'=2e^{2x}+(2+x)e^x$，　$y_0''=4e^{2x}+(3+x)e^x$，

将 y_0,y_0',y_0''代入微分方程并整理，得

$$(4+2\alpha+\beta)e^{2x}+(3+2\alpha+\beta-\gamma)e^x+(1+\alpha+\beta)xe^x=0,$$

由于函数组 e^{2x},e^x,xe^x 线性无关，故

$$\begin{cases}4+2\alpha+\beta=0,\\ 3+2\alpha+\beta-\gamma=0,\\ 1+\alpha+\beta=0,\end{cases}$$

解得　$$\alpha=-3,\quad\beta=2,\quad\gamma=-1,$$

因而方程为

$$y''-3y'+2y=-e^x,$$

对应齐次方程的特征根为 $r_1=1,r_2=2$,故原方程的通解为

$$y=C_1e^x+C_2e^{2x}+xe^x.$$

例 4 已知 $y_1=xe^x+e^{2x},y_2=xe^x+e^{-x},y_3=xe^x+e^{2x}-e^{-x}$ 是某二阶线性微分方程的三个解,求此微分方程.

解 由题设及线性微分方程解的结构可知

$$y_1-y_3=e^{-x} \quad 与 \quad y_1-y_2=e^{2x}-e^{-x}$$

都是与所求微分方程相对应的齐次方程的解,因而它们的和

$$(e^{2x}-e^{-x})+e^{-x}=e^{2x}$$

也是相应齐次方程的解,故相应齐次方程有两个特征根

$$r_1=2,\quad r_2=-1,$$

由于 $(r-2)(r+1)=r^2-r-2$,因此,相应齐次方程为

$$y''-y'-2y=0,$$

根据以上分析可知 $y^*=xe^x$ 是所求微分方程的一个特解,由于

$$(y^*)''-(y^*)'-2y^*=(xe^x)''-(xe^x)'-2xe^x=(1-2x)e^x,$$

因此所求微分方程为

$$y''-y'-2y=(1-2x)e^x.$$

例 5 利用代换 $y=\dfrac{u}{\cos x}$ 将方程 $y''\cos x-2y'\sin x+3y\cos x=e^x$ 化简,并求出此方程的通解.

解 由 $u=y\cos x$ 两端对 x 求导,得

$$\begin{aligned}u'&=y'\cos x-y\sin x,\\ u''&=y''\cos x-2y'\sin x-y\cos x\\ &=(y''\cos x-2y'\sin x+3y\cos x)-4y\cos x\\ &=e^x-4y\cos x=e^x-4u,\end{aligned}$$

即

$$u''+4u=e^x, \tag{a}$$

相应齐次方程的通解为

$$u=C_1\cos 2x+C_2\sin 2x.$$

令特解 $u^*=Ae^x$,代入方程(a),得 $A=\dfrac{1}{5}$,故方程(a)的通解为

$$u=C_1\cos 2x+C_2\sin 2x+\frac{1}{5}e^x,$$

原方程的通解为

$$y=C_1\frac{\cos 2x}{\cos x}+2C_2\sin x+\frac{e^x}{5\cos x}.$$

例 6 设函数 $y=y(x)$ 在 $(-\infty,+\infty)$ 内有二阶导数,且 $y'\neq 0$,$x=x(y)$ 是 $y=y(x)$ 的反函数,试将 $x=x(y)$ 所满足的微分方程

$$\frac{d^2x}{dy^2}+(y+\sin x)\left(\frac{dx}{dy}\right)^3=0$$

变换为 $y=y(x)$ 满足的微分方程，并求出满足 $y(0)=0, y'(0)=\frac{3}{2}$ 的解.

解 由于

$$\frac{\mathrm{d}x}{\mathrm{d}y}=\frac{1}{\frac{\mathrm{d}y}{\mathrm{d}x}}, \quad \frac{\mathrm{d}^2x}{\mathrm{d}y^2}=\frac{\mathrm{d}}{\mathrm{d}y}\left(\frac{\mathrm{d}x}{\mathrm{d}y}\right)=\frac{\mathrm{d}}{\mathrm{d}y}\left(\frac{1}{\frac{\mathrm{d}y}{\mathrm{d}x}}\right)=\frac{\mathrm{d}}{\mathrm{d}x}\left(\frac{1}{\frac{\mathrm{d}y}{\mathrm{d}x}}\right)\frac{\mathrm{d}x}{\mathrm{d}y}$$

$$=\frac{-\frac{\mathrm{d}^2y}{\mathrm{d}x^2}}{\left(\frac{\mathrm{d}y}{\mathrm{d}x}\right)^2}\cdot\frac{1}{\frac{\mathrm{d}y}{\mathrm{d}x}}=\frac{-\frac{\mathrm{d}^2y}{\mathrm{d}x^2}}{\left(\frac{\mathrm{d}y}{\mathrm{d}x}\right)^3},$$

代入所给方程，得

$$\frac{-\frac{\mathrm{d}^2y}{\mathrm{d}x^2}}{\left(\frac{\mathrm{d}y}{\mathrm{d}x}\right)^3}+(y+\sin x)\frac{1}{\left(\frac{\mathrm{d}y}{\mathrm{d}x}\right)^3}=0,$$

即

$$\frac{\mathrm{d}^2y}{\mathrm{d}x^2}-y=\sin x, \tag{a}$$

其相应齐次方程的特征根为 $r=\pm1$，通解为

$$\bar{y}=C_1\mathrm{e}^x+C_2\mathrm{e}^{-x},$$

设方程(a)的特解为

$$y^*=A\cos x+B\sin x,$$

代入方程(a)，得 $A=0, B=-\frac{1}{2}$，故 $y^*=-\frac{1}{2}\sin x$，于是方程(a)的通解为

$$y=C_1\mathrm{e}^x+C_2\mathrm{e}^{-x}-\frac{1}{2}\sin x,$$

将初始条件代入此通解，得 $C_1=1, C_2=-1$，因而所求初值问题的解为

$$y=\mathrm{e}^x-\mathrm{e}^{-x}-\frac{1}{2}\sin x.$$

例 7 设 $f(x)=\sin x-\int_0^x(x-t)f(t)\mathrm{d}t$，其中 $f(x)$ 是连续函数，求 $f(x)$.

解 将等式化成

$$f(x)=\sin x-x\int_0^x f(t)\mathrm{d}t+\int_0^x tf(t)\mathrm{d}t, \tag{a}$$

两端对 x 求导，得

$$f'(x)=\cos x-\int_0^x f(t)\mathrm{d}t-xf(x)+xf(x)=\cos x-\int_0^x f(t)\mathrm{d}t, \tag{b}$$

$$f''(x)=-\sin x-f(x),$$

即

$$f''(x)+f(x)=-\sin x, \tag{c}$$

这是一个二阶常系数线性微分方程,其相应的齐次方程的通解为

$$\overline{f}(x)=C_1\cos x+C_2\sin x,$$

设方程(c)的特解

$$f^*(x)=x(A\cos x+B\sin x),$$

代入式(c),解得 $A=\frac{1}{2}$,$B=0$,故 $f^*(x)=\frac{x}{2}\cos x$,于是式(c)的通解为

$$f(x)=C_1\cos x+C_2\sin x+\frac{x}{2}\cos x,$$

由式(a)与式(b),得

$$f(0)=0,\quad f'(0)=1,$$

将此初始条件代入通解,得 $C_1=0$,$C_2=\frac{1}{2}$,因此得

$$f(x)=\frac{1}{2}\sin x+\frac{x}{2}\cos x.$$

例 8 设 $f(x)$ 是连续函数,满足 $\int_0^1 f(tx)\mathrm{d}t=\frac{1}{2}f(x)+1$,求 $f(x)$.

解 当 $x=0$ 时,有 $\int_0^1 f(0)\mathrm{d}t=\frac{1}{2}f(0)+1$,即

$$f(0)=\frac{1}{2}f(0)+1,\quad 故\ f(0)=2,$$

当 $x\neq 0$ 时,令 $u=tx$,则

$$\int_0^1 f(tx)\mathrm{d}t=\frac{1}{x}\int_0^x f(u)\mathrm{d}u,$$

故已知方程化成

$$\frac{1}{x}\int_0^x f(u)\mathrm{d}u=\frac{1}{2}f(x)+1,$$

$$\int_0^x f(u)\mathrm{d}u=\frac{x}{2}f(x)+x,$$

两端对 x 求导,得

$$f(x)=\frac{1}{2}f(x)+\frac{x}{2}f'(x)+1,$$

$$f'(x)-\frac{1}{x}f(x)=-\frac{2}{x},$$

解此一阶线性微分方程,得

$$f(x)=Cx+2.$$

例 9 设 $F(x)$ 为 $f(x)$ 的原函数,且 $x\geqslant 0$ 时,$f(x)F(x)=\frac{x\mathrm{e}^x}{2(1+x)^2}$,$F(0)=1$,$F(x)>0$,求 $f(x)$.

解 由题设,$F'(x)=f(x)$,故有

$$F(x)F'(x)=\frac{xe^x}{2(1+x)^2},$$

积分得 $$\int F(x)F'(x)\mathrm{d}x=\int\frac{xe^x}{2(1+x)^2}\mathrm{d}x,$$

即 $$\frac{1}{2}F^2(x)=-\frac{1}{2}\int xe^x\mathrm{d}\left(\frac{1}{1+x}\right)$$

$$=-\frac{1}{2}\left(\frac{x}{1+x}e^x-\int e^x\mathrm{d}x\right)=\frac{1}{2}\left(\frac{e^x}{1+x}+C\right),$$

$$F^2(x)=\frac{e^x}{1+x}+C,$$

由 $F(0)=1$，得 $C=0$，又由于 $F(x)>0$，得

$$F(x)=\sqrt{\frac{e^x}{1+x}},$$

$$f(x)=\frac{xe^x}{2(1+x)^2F(x)}=\frac{xe^{\frac{x}{2}}}{2(1+x)^{\frac{3}{2}}}.$$

例 10 求微分方程 $x\mathrm{d}y+(x-2y)\mathrm{d}x=0$ 的一个解 $y=y(x)$，使得由曲线 $y=y(x)$ 与直线 $x=1$，$x=2$ 以及 x 轴所围成的平面图形绕 x 轴旋转一周所得旋转体的体积最小.

解 方程化为 $\frac{\mathrm{d}y}{\mathrm{d}x}-\frac{2}{x}y=-1$，
其通解为

$$y=e^{-\int-\frac{2}{x}\mathrm{d}x}\left(C+\int-e^{\int-\frac{2}{x}\mathrm{d}x}\mathrm{d}x\right)=x^2\left(C+\frac{1}{x}\right)=x+Cx^2,$$

由于 $$V(C)=\int_1^2\pi(x+Cx^2)^2\mathrm{d}x=\pi\left(\frac{31}{5}C^2+\frac{15}{2}C+\frac{7}{3}\right),$$

令 $$V'(C)=\pi\left(\frac{62}{5}C+\frac{15}{2}\right)=0,$$

得 $C=-\frac{75}{124}$，由于 $V''(C)=\frac{62}{5}\pi>0$，故 $C=-\frac{75}{124}$ 是极小值点也是最小值点，因而所求解为

$$y=x-\frac{75}{124}x^2.$$

例 11 设函数 $f(x)$，$g(x)$ 满足 $f'(x)=g(x)$，$g'(x)=2e^x-f(x)$，且 $f(0)=0$，$g(0)=2$，求 $\int_0^{\pi}\left[\frac{g(x)}{1+x}-\frac{f(x)}{(1+x)^2}\right]\mathrm{d}x$.

解 首先求出 $f(x)$ 的表达式，由 $f'(x)=g(x)$，两端对 x 求导，得

$$f''(x)=g'(x)=2e^x-f(x),$$

即 $$f''(x)+f(x)=2e^x, \tag{a}$$

对应齐次方程的通解为

$$\bar{f}(x)=C_1\cos x+C_2\sin x,$$

设方程(a)的特解

$$f^*(x) = Ae^x,$$

代入方程(a),得 $A=1$,故 $f^*(x)=e^x$,因此方程(a)的通解为

$$f(x) = C_1\cos x + C_2\sin x + e^x,$$

由初始条件 $f(0)=0$, $f'(0)=g(0)=2$,得 $C_1=-1$, $C_2=1$,故

$$f(x) = -\cos x + \sin x + e^x,$$

$$\begin{aligned}\int_0^\pi\left[\frac{g(x)}{1+x}-\frac{f(x)}{(1+x)^2}\right]dx &= \int_0^\pi\left[\frac{f'(x)}{1+x}-\frac{f(x)}{(1+x)^2}\right]dx\\ &= \int_0^\pi\frac{1}{1+x}df(x)-\int_0^\pi\frac{f(x)}{(1+x)^2}dx\\ &= \frac{f(x)}{1+x}\Big|_0^\pi+\int_0^\pi\frac{f(x)}{(1+x)^2}dx-\\ &\quad\int_0^\pi\frac{f(x)}{(1+x)^2}dx\\ &= \frac{f(\pi)}{1+\pi}-f(0)=\frac{1+e^\pi}{1+\pi}.\end{aligned}$$

例 12　如图 1-2 所示,设曲线 L 的极坐标方程为 $r=r(\theta)$, $M(r,\theta)$ 为 L 上任意一点, $M_0(2,0)$ 为 L 上一定点,若极径 OM_0, OM 与曲线 L 所围成的曲边扇形面积值等于 L 上 M_0, M 两点间弧长值的一半,求曲线 L 的方程.

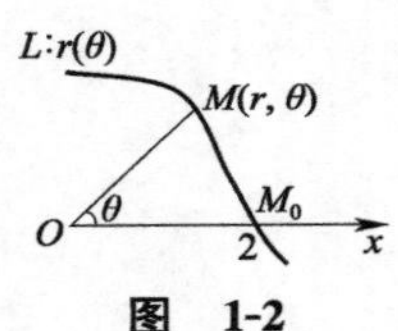

图　1-2

解　由题设,得

$$\frac{1}{2}\int_0^\theta r^2(\theta)d\theta = \frac{1}{2}\int_0^\theta\sqrt{r^2(\theta)+(r'(\theta))^2}d\theta,$$

两端对 θ 求导,得

$$r^2=\sqrt{r^2+r'^2},\quad r^4=r^2+r'^2,$$

$$r'=\pm r\sqrt{r^2-1},\quad r(0)=2,$$

利用分离变量法,得

$$\frac{dr}{r\sqrt{r^2-1}}=\pm d\theta,\quad \frac{-d\frac{1}{r}}{\sqrt{1-\frac{1}{r^2}}}=\pm d\theta,$$

$$\arcsin\frac{1}{r}=\pm\theta+C,$$

由初值,得 $C=\frac{\pi}{6}$,因此得

$$\frac{1}{r}=\sin\left(\frac{\pi}{6}\pm\theta\right)=\frac{1}{2}\cos\theta\pm\frac{\sqrt{3}}{2}\sin\theta,$$

即

$$r\cos\theta\pm\sqrt{3}r\sin\theta=2,$$

因此曲线的直角坐标方程为

$$x\pm\sqrt{3}y=2.$$

例 13　在上半平面求一凹曲线，如图 1-3 所示，其上任一点 $P(x,y)$ 处的曲率等于此曲线在该点的法线段 PQ 长度的倒数（Q 是法线与 x 轴的交点），且曲线在点 $(1,1)$ 处的切线与 x 轴平行.

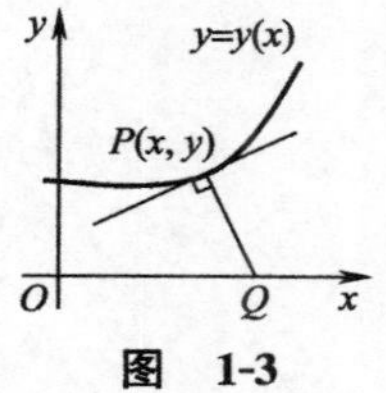

图　1-3

解　设曲线方程为 $y=y(x)$，它在点 $P(x,y)$ 处的法线方程为

$$Y-y=\frac{-1}{y'}(X-x),$$

此切线与 x 的交点 $Q(x+yy',0)$，故 PQ 的长度为

$$\sqrt{(yy')^2+y^2}=y(1+y'^2)^{\frac{1}{2}},$$

又曲线在 $P(x,y)$ 的曲率为 $K=\dfrac{|y''|}{(1+y'^2)^{\frac{3}{2}}}$，由于曲线为凹曲线，故 $y''>0$，由题设，有

$$\frac{y''}{(1+y'^2)^{\frac{3}{2}}}=\frac{1}{y(1+y'^2)^{\frac{1}{2}}},$$

即 $$yy''=1+y'^2,\quad y(1)=1\quad y'(1)=0,$$

方程中不显含 x，令 $y'=p(y)$，则 $y''=p\dfrac{\mathrm{d}p}{\mathrm{d}y}$，代入上面方程，得

$$yp\frac{\mathrm{d}p}{\mathrm{d}y}=1+p^2,$$

利用分离变量法，得

$$\frac{p}{1+p^2}\mathrm{d}p=\frac{\mathrm{d}y}{y},\quad \frac{1}{2}\ln(1+p^2)=\ln|y|+C_1,$$

即 $$\sqrt{1+p^2}=Cy,$$

将 $p(1)=y'(1)=0,y(1)=1$ 代入，得 $C=1$，故有

$$\sqrt{1+p^2}=y,$$

即 $$\sqrt{1+y'^2}=y,\quad y'=\pm\sqrt{y^2-1},$$

利用分离变量法，得

$$\frac{\mathrm{d}y}{\sqrt{y^2-1}}=\pm\mathrm{d}x,$$

$$\ln|y+\sqrt{y^2-1}|=\pm x+C_2,\quad y+\sqrt{y^2-1}=C_3\mathrm{e}^{\pm x},$$

将初始条件代入，得 $C_3=\mathrm{e}^{\mp1}$，故

$$y+\sqrt{y^2-1}=\mathrm{e}^{\pm(x-1)},$$

从而 $$y-\sqrt{y^2-1}=\frac{1}{y+\sqrt{y^2-1}}=\mathrm{e}^{\mp(x-1)},$$

两式相加，得

$$2y=\mathrm{e}^{x-1}+\mathrm{e}^{-(x-1)},$$

$$y=\frac{\mathrm{e}^{x-1}+\mathrm{e}^{-(x-1)}}{2}=\mathrm{ch}(x-1).$$

习题 1-7

1. 求下列微分方程的通解：

(1) $y\mathrm{d}x+(x^2-4x)\mathrm{d}y=0$； (2) $2(\ln y-x)y'=y$；

(3) $yy''-y'^2-1=0$； (4) $y''+a^2y=\sin x \quad (a>0)$；

(5) $y''-3y'+2y=2\mathrm{e}^{-x}\cos x+\mathrm{e}^{2x}(4x+5)$；

(6) $x^2\dfrac{\mathrm{d}^2y}{\mathrm{d}x^2}+4x\dfrac{\mathrm{d}y}{\mathrm{d}x}+2y=0$.

2. 求下列初值问题的解：

(1) $(x^2-1)\mathrm{d}y+(2xy-\cos x)\mathrm{d}x=0, y|_{x=0}=1$；

(2) $y'\arcsin x+\dfrac{y}{\sqrt{1-x^2}}=1, y|_{x=\frac{1}{2}}=0$；

(3) $\begin{cases}(y+\sqrt{x^2+y^2})\mathrm{d}x-x\mathrm{d}y=0 \quad (x>0),\\ y|_{x=1}=0;\end{cases}$

(4) $y^3\mathrm{d}x+2(x^2-xy^2)\mathrm{d}y=0, \quad y|_{x=1}=1$；

(5) $2y''-\sin 2y=0, y(0)=\dfrac{\pi}{2}, y'(0)=1$；

(6) $yy''+y'^2=0, y|_{x=0}=1, y'|_{x=0}=\dfrac{1}{2}$；

(7) $y''+2y'+y=\cos x, \quad y|_{x=0}=0, y'|_{x=0}=\dfrac{3}{2}$.

3. 设微分方程 $y'-2y=\varphi(x)$，其中 $\varphi(x)=\begin{cases}2, & x<1,\\ 0, & x>1,\end{cases}$ 试求在 $(-\infty,+\infty)$ 内的连续函数 $y=y(x)$，使之在 $(-\infty,1)$ 和 $(1,+\infty)$ 内都满足所给方程，且满足条件 $y(0)=0$.

4. 求微分方程组 $\begin{cases}\dfrac{\mathrm{d}x}{\mathrm{d}t}+2\dfrac{\mathrm{d}y}{\mathrm{d}t}+y=0,\\ 3\dfrac{\mathrm{d}x}{\mathrm{d}t}+2x+4\dfrac{\mathrm{d}y}{\mathrm{d}t}+3y=t\end{cases}$ 的通解.

5. 求具有特解 $y_1=\mathrm{e}^{-x}, y_2=2x\mathrm{e}^{-x}, y_3=3\mathrm{e}^x$ 的三阶常系数线性齐次方程.

6. 用变量代换 $x=\cos t(0<t<\pi)$ 化简微分方程 $(1-x^2)y''-xy'+y=0$，并求其满足 $y\Big|_{x=\frac{\pi}{2}}=1, y'\Big|_{x=\frac{\pi}{2}}=2$ 的特解.

7. 设 $y=y(x)$ 是二阶常系数微分方程 $y''+py'+qy=\mathrm{e}^{3x}$ 的满足初始条件 $y(0)=y'(0)=0$ 的特解，求 $\lim\limits_{x\to 0}\dfrac{\ln(1+x^2)}{y(x)}$.

8. 求方程 $y''=x+\sin x$ 的一条积分曲线，使其与直线 $y=x$ 在原点相切.

9. 微分方程 $y'''-y'=0$ 的哪一条积分曲线在原点处有拐点，且以 $y=2x$ 为它的切线？

10. 曲线上任一点的切线斜率等于自原点到该切点连线斜率的2倍，且曲线过点 $\left(1,\dfrac{1}{3}\right)$，求该曲线的方程.

11. 一曲线通过点(2,3)，它在两坐标轴间的任一线段都被切点所平分，求这一曲线方程.

12. 求通过点(2,2)的曲线方程，使曲线上任意点处的切线在 y 轴上的截距等于该点横坐标的平方.

13. 曲线上任一点处的切线介于 x 轴和直线 $y=x$ 之间的线段都被切点平分，且此曲线过点(0,1)，求此曲线的方程.

14. 设曲线 L 位于 xOy 平面的第一象限，L 上任一点 M 处的切线与 y 轴总相交，交点记为 A，已知 $|\overline{MA}|=|\overline{OA}|$，且 L 过点 $\left(\frac{3}{2},\frac{3}{2}\right)$，求 L 的方程.

15. 设对任意 $x>0$，曲线 $y=f(x)$ 上点 $(x,f(x))$ 处的切线在 y 轴上的截距等于 $\frac{1}{x}\int_0^x f(t)\mathrm{d}t$，求 $f(x)$ 的表达式.

16. 求通过点(1,2)的曲线方程，使此曲线在 $[1,x]$ 上所形成的曲边梯形面积的值等于此曲线段终点的横坐标 x 与纵坐标 y 乘积的 2 倍减 4.

17. 设 $y=y(x)$ 是一条连续的凸曲线，其上任一点 (x,y) 处的曲率为 $\frac{1}{\sqrt{1+y'^2}}$，且此曲线上点(0,1)处的切线方程为 $y=x+1$，求该曲线的方程.

18. 设函数 $y(x)(x\geqslant 0)$ 二阶可导，且 $y'(x)>0$，$y(0)=1$，过曲线 $y=y(x)$ 上任意一点 $P(x,y)$ 作该曲线的切线及 x 轴的垂线，上述两直线与 x 轴所围成的三角形面积记为 S_1，区间 $[0,x]$ 上以 $y=y(x)$ 为曲边的曲边梯形面积记为 S_2，并设 $2S_1-S_2$ 恒为 1，求此曲线的方程.

19. 设函数 $f(x)$ 在 $[1,+\infty)$ 上连续，若由曲线 $y=f(x)$，直线 $x=1$，$x=t(t>1)$ 与 x 轴所围成的平面图形绕 x 轴旋转一周所成旋转体的体积为 $V(t)=\frac{\pi}{3}[t^2f(t)-f(1)]$，试求 $y=f(x)$ 所满足的微分方程，并求该微分方程满足条件 $y\Big|_{x=2}=\frac{2}{9}$ 的解.

20. 已知连续函数 $f(x)$ 满足条件 $f(x)=\int_0^{3x} f\left(\frac{t}{3}\right)\mathrm{d}t+\mathrm{e}^{2x}$，求 $f(x)$.

21. 设函数 $\varphi(x)$ 可导，且满足 $\varphi(x)\cos x+2\int_0^x \varphi(t)\sin t\mathrm{d}t=x+1$，求 $\varphi(x)$.

22. 设函数 $\varphi(x)$ 连续，且满足 $\varphi(x)=\mathrm{e}^x+\int_0^x t\varphi(t)\mathrm{d}t-x\int_0^x \varphi(t)\mathrm{d}t$，求 $\varphi(x)$.

23. 设函数 $f(x)$ 具有二阶连续导数，且满足 $f'(x)+$

$$3\int_0^x f'(t)\mathrm{d}t+2x\int_0^1 f(xt)\mathrm{d}t+\mathrm{e}^{-x}=0$$ 及 $f(0)=1$，求 $f(x)$.

24. 设函数 $y=y(x)$ 有连续的二阶导数，且 $y'(0)=0$，求由方程 $y(x)=1+\frac{1}{3}\int_0^x[6x\mathrm{e}^{-x}-2y(x)-y''(x)]\mathrm{d}x$ 确定的函数 $y(x)$.

第八节 常微分方程的应用

前面我们讨论了微分方程的求解问题，本节要介绍微分方程在实际问题中的应用. 微分方程在实际中有着广泛的应用，除了几何学与物理学以外，还应用在生物、医学、生态、经济、保险、军事、人口控制与预测等诸多领域.

下面通过对一些典型问题的分析，介绍利用微分方程解决实际问题的基本步骤和方法.

一、物理问题

有一些物理问题，其中变量的变化遵循明确的规律，因此可以根据物理定律建立微分方程.

例 1 放射性物质的衰变问题.

已知放射性物质在存放期间，其质量时刻在衰减，衰减速率与当时的质量成正比. 设放射性物质镭开始时的质量为 m_0，其半衰期为 1600 年，即 1600 年后其质量变为 $\frac{m_0}{2}$，问 100 年后镭的质量是多少？

解 设 t 时刻镭的质量为 $m(t)$，则其衰减速率为 $\frac{\mathrm{d}m}{\mathrm{d}t}$，由题设，它与 $m(t)$ 成正比，即有

$$\frac{\mathrm{d}m}{\mathrm{d}t}=-km \qquad (\text{其中 } k>0),$$

因为 $m(t)$ 是单调减少的，应有 $\frac{\mathrm{d}m}{\mathrm{d}t}<0$，故等式右端有一负号，其中 $m(t)$ 满足初始条件

$$m|_{t=0}=m_0.$$

利用分离变量法，求得微分方程的通解

$$m=C\mathrm{e}^{-kt},$$

由初始条件，得 $C=m_0$，因此

$$m=m_0\mathrm{e}^{-kt},$$

其中系数 k 可由半衰期确定，将 $t=1600$，$m=\frac{m_0}{2}$ 代入上式，得

$$\frac{m_0}{2}=m_0\mathrm{e}^{-1600k},\quad k=\frac{\ln 2}{1600},$$

故
$$m = m_0 e^{-\frac{\ln 2}{1600}t},$$
令 $t=100$,得
$$m = m_0 e^{-\frac{\ln 2}{16}} \approx 0.9576 m_0,$$
即 100 年后镭的质量约为 $0.9576m_0$.

例 2 物体冷却问题.

把一个 100℃的物体放在 20℃的房间内,经过 20min 后,测量物体的温度,已降为 60℃,问还需经过多长时间物体的温度才能降为 30℃?

解 物体冷却遵从牛顿冷却定律:物体冷却速率正比于物体与周围环境的温度差. 设 t 时刻物体的温度为 $T(t)$,则物体冷却速率为$\frac{dT}{dt}$,物体温度与周围环境的温度差为 $T(t)-20$,故有
$$\frac{dT}{dt} = -k(T-20) \quad (\text{其中 } k>0),$$
右端取负号是因为$\frac{dT}{dt}<0$,而 $T-20>0$,由题设,$T(t)$满足初始条件
$$T(0)=100,$$
利用分离变量法,求得微分方程的通解为
$$T = 20 + Ce^{-kt},$$
由 $T(0)=100$,得 $C=80$,故
$$T = 20 + 80e^{-kt},$$
另外,由题设,有 $T(20)=60$,代入上式,得
$$60 = 20 + 80e^{-20k}, \quad k = \frac{\ln 2}{20},$$
从而
$$T = 20 + 80e^{-\frac{\ln 2}{20}t},$$
令 $T=30$,得
$$30 = 20 + 80e^{-\frac{\ln 2}{20}t}, \quad t = 60,$$
因此还需经过 $60-20=40$(min),物体的温度才能降至 30℃.

例 3 悬链线.

设有一均匀、柔软的绳索,两端固定,绳索仅受重力的作用而下垂,求绳索在平衡状态时的曲线方程.

解 如图 1-4 所示,建立坐标系,使绳索的最低点 A 在 y 轴上的点$(0,a)$处(a 的值将在后面确定),设绳索曲线的方程为 $y=y(x)$,$M(x,y)$是曲线上任一点,曲线段$\overset{\frown}{AM}$的受力情况如下:在 A 点和 M 点分别有张力 H 和 T,其方向分别为曲线在这两个点的切线方向,另外,受到重力,如果设绳索的线密度为 μ,$\overset{\frown}{AM}$的弧长为 s,则重力的大小为 μgs,其方向向下,由于绳索处于平衡状态,因此$\overset{\frown}{AM}$所受力在 x 轴方向上的分力与 y 轴上的分力都为零,即

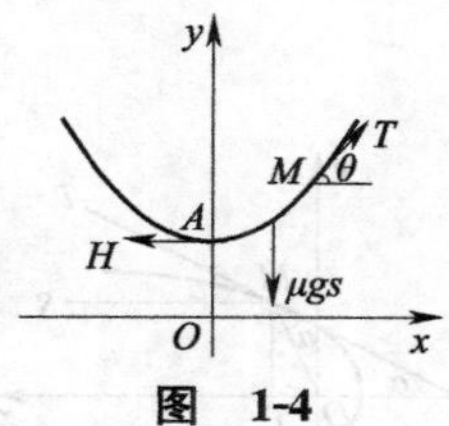

图 1-4

$$T\cos\theta - H = 0,\quad T\sin\theta - \mu g s = 0,$$

由此得

$$\tan\theta = \frac{\mu g s}{H} = \frac{1}{a}s\quad \left(记\, a = \frac{H}{\mu g}\right),$$

将 $\tan\theta = y'$，$s = \int_0^x \sqrt{1+y'^2}\,\mathrm{d}x$ 代入上式，得

$$y' = \frac{1}{a}\int_0^x \sqrt{1+y'^2}\,\mathrm{d}x,$$

对 x 求导，得到 $y = y(x)$ 所满足的微分方程

$$y'' = \frac{1}{a}\sqrt{1+y'^2}, \tag{a}$$

初始条件为 $\qquad y\big|_{x=0} = a,\quad y'\big|_{x=0} = 0,$

方程(a)是不显含 y 的二阶微分方程，令 $y' = p(x)$，则 $y'' = \dfrac{\mathrm{d}p}{\mathrm{d}x}$，代入方程(a)，得

$$\frac{\mathrm{d}p}{\mathrm{d}x} = \frac{1}{a}\sqrt{1+p^2},$$

利用分离变量法，得

$$\frac{\mathrm{d}p}{\sqrt{1+p^2}} = \frac{\mathrm{d}x}{a},\quad \ln\left(p + \sqrt{1+p^2}\right) = \frac{x}{a} + C_1,$$

即 $$\operatorname{arsh} p = \frac{x}{a} + C_1,$$

将 $p\big|_{x=0} = y'\big|_{x=0} = 0$ 代入，得 $C_1 = 0$，于是得

$$\operatorname{arsh} p = \frac{x}{a},\quad y' = p = \operatorname{sh}\frac{x}{a},$$

积分得

$$y = a\operatorname{ch}\frac{x}{a} + C_2,$$

将初始条件代入，得 $C_2 = 0$，于是得绳索曲线的方程

$$y = a\operatorname{ch}\frac{x}{a} = \frac{a}{2}\left(\mathrm{e}^{\frac{x}{a}} + \mathrm{e}^{-\frac{x}{a}}\right),$$

此曲线称为悬链线.

例 4 探照灯反光镜的设计.

探照灯的反光镜是一旋转曲面，从点光源发出的光线经它反射后都成为与旋转轴平行的光线. 设这反光镜是由 xOy 面上的曲线 L 绕 x 轴旋转而成的，求曲线的方程.

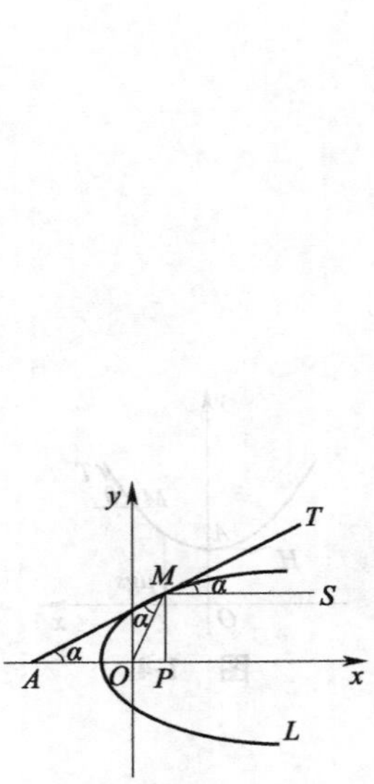

解 如图 1-5 所示建立坐标系，设原点为光源的位置，$M(x,y)$ 是曲线 L 上任意一点，由 O 点发出的光线经 M 点反射成为直线 MS，设 MT 是曲线的切线，它与 x 轴的倾角是 α，由于 MS 与 x 轴平行，根据光学中的反射定律，有

$$\angle OMA = \angle SMT = \angle MAO = \alpha,$$

因而有 $\qquad OA = OM,$

图 1-5

由于 $$OA=AP-OP=PM\cot\alpha-OP=\frac{y}{y'}-x,$$
$$OM=\sqrt{x^2+y^2},$$
于是得
$$\frac{y}{y'}-x=\sqrt{x^2+y^2},$$
即
$$\frac{\mathrm{d}x}{\mathrm{d}y}=\frac{x+\sqrt{x^2+y^2}}{y},$$
由于曲线 L 关于 x 轴对称，我们只需在 $y>0$ 的范围内求解，微分方程是齐次方程，令 $\frac{x}{y}=u$，即 $x=yu$，有 $\frac{\mathrm{d}x}{\mathrm{d}y}=u+y\frac{\mathrm{d}u}{\mathrm{d}y}$，代入上面微分方程，得
$$y\frac{\mathrm{d}u}{\mathrm{d}y}=\sqrt{u^2+1},$$
利用分离变量法，得
$$\frac{\mathrm{d}u}{\sqrt{u^2+1}}=\frac{\mathrm{d}y}{y},\quad \ln(u+\sqrt{u^2+1})=\ln y+C_1,$$
即 $$u+\sqrt{u^2+1}=Cy,$$
由此得 $$-u+\sqrt{u^2+1}=\frac{1}{Cy},$$
两式相减，得
$$u=\frac{1}{2}\left(Cy-\frac{1}{Cy}\right),$$
将 $u=\frac{x}{y}$ 代入，得
$$x=\frac{y}{2}\left(Cy-\frac{1}{Cy}\right)=\frac{1}{2}Cy^2-\frac{1}{2C},$$
此即曲线 L 的方程.

例 5 落体问题.

设质量为 m 的质点从液面由静止开始在液体中下降，假定液体的阻力与速度 v 成正比.

(1) 求质点下降时的速度与时间 t 的关系；

(2) 求质点下降的位移与时间的关系.

解 如图 1-6 所示建立坐标系，设质点从坐标原点开始下降.

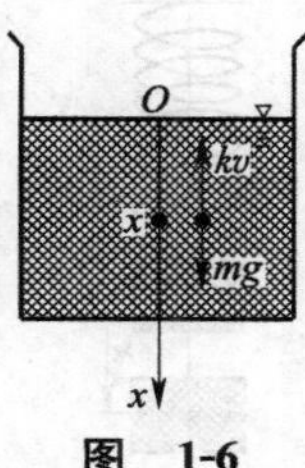

图 1-6

(1) 质点运动满足牛顿第二定律 $F=ma$，质点在下降过程中受到两个力的作用，一个是方向向下的重力，等于 mg，另一个是方向向上的阻力，等于 kv（其中 $k>0$ 是常数），因此
$$F=mg-kv,$$
又由于 $a=\frac{\mathrm{d}v}{\mathrm{d}t}$，于是得

$$m\frac{\mathrm{d}v}{\mathrm{d}t}=mg-kv,$$

由题意,得初始条件 $v|_{t=0}=0$,利用分离变量法求得微分方程的通解

$$v=\frac{mg}{k}+C\mathrm{e}^{-\frac{k}{m}t},$$

由初始条件,得 $C=-\frac{mg}{k}$,从而得到速度与时间的关系

$$v=\frac{mg}{k}\left(1-\mathrm{e}^{-\frac{k}{m}t}\right).$$

由此关系式可知,如果物体在深水中下降,则由于

$$\lim_{t\to+\infty}v=\lim_{t\to+\infty}\frac{mg}{k}\left(1-\mathrm{e}^{-\frac{k}{m}t}\right)=\frac{mg}{k},$$

因而当质点下降的时间较长后,便接近于以匀速 $\frac{mg}{k}$ 下降;

(2) 由于 $v=\frac{\mathrm{d}x}{\mathrm{d}t}$,因而由第(1)问的结果得

$$\frac{\mathrm{d}x}{\mathrm{d}t}=\frac{mg}{k}\left(1-\mathrm{e}^{-\frac{k}{m}t}\right),\quad x|_{t=0}=0,$$

积分得

$$x=\frac{mg}{k}\left(t+\frac{m}{k}\mathrm{e}^{-\frac{k}{m}t}\right)+C_1,$$

将 $x|_{t=0}=0$ 代入,得 $C_1=-\left(\frac{m}{k}\right)^2g$,于是得位移与时间的关系

$$x=\frac{mg}{k}\left[t-\frac{m}{k}\left(1-\mathrm{e}^{-\frac{k}{m}t}\right)\right].$$

例 6 自由振动问题.

设有一个弹簧,它的上端固定,下端挂一个质量为 m 的物体. 当物体处于静止状态时,作用在物体上的重力与弹性力大小相等,方向相反,这个位置是物体的平衡位置. 如图 1-7 所示建立坐标系,取物体的平衡位置为坐标原点. 现将弹簧向下拉长 l,然后放开,则物体在平衡位置附近做上下振动. 由实验可知,当运动速度不大时,物体在运动过程中所受到的介质(如空气)的阻力的大小与运动速度成正比,如果忽略弹簧的质量,求物体的运动规律.

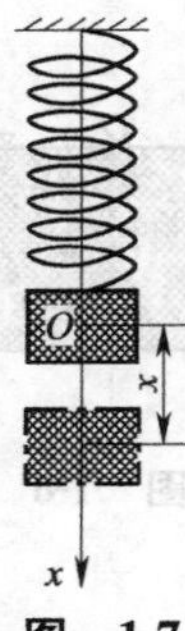

图 1-7

解 设 t 时刻物体所在位置为 $x(t)$,下面利用牛顿第二定律 $F=ma$ 建立 $x(t)$ 所满足的微分方程. 物体在运动中要受到弹簧的弹性回复力 F_1(它不包括在平衡位置时与重力 mg 相抵消的那一部分弹性力)的作用,根据胡克定律,有

$$F_1=-kx,$$

其中 $k>0$ 为弹簧的弹性系数,负号表示回复力的方向与物体位移的方向相反.

物体在运动中还受到介质的阻力 F_2，由题设，

$$F_2=-\mu v=-\mu\frac{\mathrm{d}x}{\mathrm{d}t},$$

其中 $\mu>0$ 为常数，负号表示介质阻力的方向与运动速度的方向相反. 由于将平衡位置取为原点，重力与一部分弹性力相抵消，故不再考虑重力.

又由于 $a=\frac{\mathrm{d}^2x}{\mathrm{d}t^2}$，因此根据牛顿第二定律，得到物体运动规律所满足的微分方程

$$m\frac{\mathrm{d}^2x}{\mathrm{d}t^2}=-kx-\mu\frac{\mathrm{d}x}{\mathrm{d}t},$$

即
$$m\frac{\mathrm{d}^2x}{\mathrm{d}t^2}+\mu\frac{\mathrm{d}x}{\mathrm{d}t}+kx=0,$$

初始条件为
$$x\Big|_{t=0}=l,\quad \frac{\mathrm{d}x}{\mathrm{d}t}\Big|_{t=0}=0.$$

下面求此初值问题的解，并对其解进行讨论.

方程为二阶常系数线性齐次方程，其特征方程为

$$r^2+\frac{\mu}{m}r+\frac{k}{m}=0,$$

特征根为
$$r_{1,2}=-\frac{\mu}{2m}\pm\sqrt{\left(\frac{\mu}{2m}\right)^2-\frac{k}{m}},$$

根据特征根的三种情况，微分方程的解有三种形式：

(1) 当 $\left(\frac{\mu}{2m}\right)^2>\frac{k}{m}$ 时，r_1 与 r_2 为不相等的实根，方程的通解为

$$x=C_1\mathrm{e}^{\left(-\frac{\mu}{2m}+\sqrt{\left(\frac{\mu}{2m}\right)^2-\frac{k}{m}}\right)t}+C_2\mathrm{e}^{\left(-\frac{\mu}{2m}-\sqrt{\left(\frac{\mu}{2m}\right)^2-\frac{k}{m}}\right)t},$$

将初始条件代入，得

$$\begin{cases}C_1+C_2=l,\\ \left(-\frac{\mu}{2m}+\sqrt{\left(\frac{\mu}{2m}\right)^2-\frac{k}{m}}\right)C_1+\left(-\frac{\mu}{2m}-\sqrt{\left(\frac{\mu}{2m}\right)^2-\frac{k}{m}}\right)C_2=0,\end{cases}$$

记 $\lambda=\dfrac{\frac{\mu}{2m}}{\sqrt{\left(\frac{\mu}{2m}\right)^2-\frac{k}{m}}}$，则有 $\lambda>1$，$C_1-C_2=\lambda l$，解得

$$C_1=\frac{\lambda+1}{2}l>0,\quad C_2=\frac{1-\lambda}{2}l<0,$$

有
$$\frac{C_1}{|C_2|}=\frac{\lambda+1}{\lambda-1}>1,\quad C_1>|C_2|.$$

$$x=C_1\mathrm{e}^{r_1t}+C_2\mathrm{e}^{r_2t},$$

$$\frac{\mathrm{d}x}{\mathrm{d}t}=C_1r_1\mathrm{e}^{r_1t}+C_2r_2\mathrm{e}^{r_2t},$$

$$\frac{\mathrm{d}^2x}{\mathrm{d}t^2}=C_1r_1^2\mathrm{e}^{r_1t}+C_2r_2^2\mathrm{e}^{r_2t},$$

由于 $r_1>r_2,C_1>|C_2|$,故 $x>0$,且可以得出 $\frac{d^2x}{dt^2}>0$,因而 $\frac{dx}{dt}$ 单调增加,又由于 $r_1<0,r_2<0$,所以有 $\lim\limits_{t\to+\infty}\frac{dx}{dt}=0$,故 $\frac{dx}{dt}<0$,还可以得出 $\lim\limits_{t\to+\infty}x(t)=0$,故此时不会引起物体振动,且当时间足够长以后,物体趋于平衡位置(大致如图 1-8 所示),这种情况是由介质阻力过大引起的,称为过阻尼情况(或大阻尼情况).

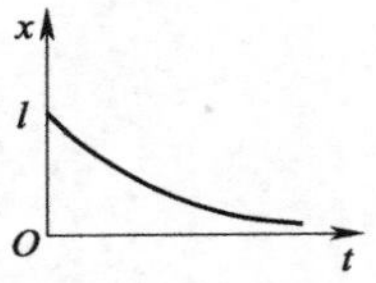

图 1-8

(2) 当 $\left(\frac{\mu}{2m}\right)^2=\frac{k}{m}$ 时,$r_1=r_2=-\frac{\mu}{2m}$ 是两个相等的实特征根,方程的通解为

$$x=(C_1+C_2t)e^{-\frac{\mu}{2m}t},$$

其中 C_1,C_2 可由初始条件来确定,$x(t)$ 的图形大致如图 1-9 所示,这种情况称为临界阻尼情况.

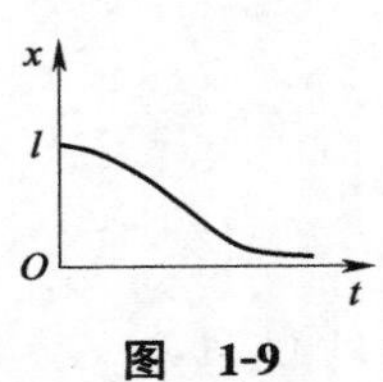

图 1-9

(3) 当 $\left(\frac{\mu}{2m}\right)^2<\frac{k}{m}$ 时,r_1,r_2 为一对共轭复根,记

$$\alpha=\frac{\mu}{2m},\quad \beta i=\sqrt{\left(\frac{\mu}{2m}\right)^2-\frac{k}{m}},$$

则方程的通解为

$$x=e^{-\alpha t}(C_1\cos\beta t+C_2\sin\beta t),$$

由初始条件可得 $C_1=l,C_2=\frac{\alpha l}{\beta}$,如记

$$A=l\sqrt{1+\left(\frac{\alpha}{\beta}\right)^2},\quad \varphi=\arctan\frac{\beta}{\alpha},$$

则初值问题的解为

$$x=Ae^{-\alpha t}\sin(\beta t+\varphi).$$

此时物体在平衡位置附近上下振动,但振幅随时间的增大而逐渐减小并趋于零,因此物体在振动过程中最终趋于平衡位置,$x(t)$ 的图形大致如图 1-10 所示,这种情况称为欠阻尼情况(或小阻尼情况).

上面所讨论的运动称为阻尼运动.若上面问题中的 $\mu=0$,则振动称为无阻尼自由振动,其中微分方程变为

$$m\frac{d^2x}{dt^2}+kx=0,$$

其满足初始条件 $x|_{t=0}=l,\left.\frac{dx}{dt}\right|_{t=0}=0$ 的解为

$$x=l\cos\sqrt{\frac{k}{m}}t,$$

此时物体做简谐振动.

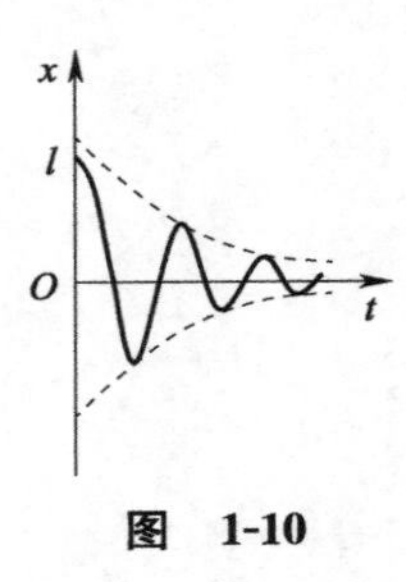

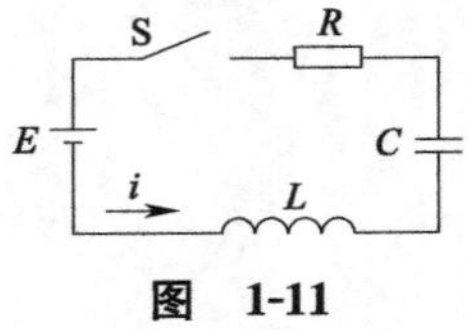

图 1-10

图 1-11

例 7 RLC 电路的电磁振荡.

图 1-11 表示一个有直流电源(设电压为 E)的 RLC 串联电路

$(R,L,C$ 分别表示电阻、电感、电容$)$，如果电容器原来没有充电，则当开关 S 合上后，电源向电容器充电，此时电路中有电流 i 通过，产生电磁振荡，试求 t 时刻电容器两极板间电压 u_C 所满足的微分方程.

解　由回路电压定律知：串联电路中电源电压等于其他各元件电压的总和，即有

$$u_L+u_R+u_C=E.$$

由电学知道，$u_R=Ri$，而 $i=\frac{\mathrm{d}q}{\mathrm{d}t}=\frac{\mathrm{d}(Cu_C)}{\mathrm{d}t}=C\frac{\mathrm{d}u_C}{\mathrm{d}t}$，故

$$u_R=RC\frac{\mathrm{d}u_C}{\mathrm{d}t},$$

又

$$u_L=L\frac{\mathrm{d}i}{\mathrm{d}t}=LC\frac{\mathrm{d}^2u_C}{\mathrm{d}t^2},$$

因此得 u_C 所满足的微分方程

$$LC\frac{\mathrm{d}^2u_C}{\mathrm{d}t^2}+RC\frac{\mathrm{d}u_C}{\mathrm{d}t}+u_C=E,\tag{a}$$

初始条件为 $u_C\Big|_{t=0}=0,\frac{\mathrm{d}u_C}{\mathrm{d}t}\Big|_{t=0}=0\Big($因为 $t=0$ 时，$i=0$，因而有 $\frac{\mathrm{d}u_C}{\mathrm{d}t}=0\Big)$.

例 8　物体的抛射运动.

一质量为 m 的物体，自高 h_0 处以水平速度 v_0 抛射，设空气阻力与速度成正比，求物体的运动方程 $\begin{cases}x=x(t),\\y=y(t).\end{cases}$

解　如图 1-12 所示建立坐标系，设物体自点$(0,h_0)$抛射出. 由于运动是曲线运动，将它分解为水平方向和铅直方向上的运动，在这两个方向上物体的加速度分别为

$$a_x=\frac{\mathrm{d}^2x}{\mathrm{d}t^2},\quad a_y=\frac{\mathrm{d}^2y}{\mathrm{d}t^2},$$

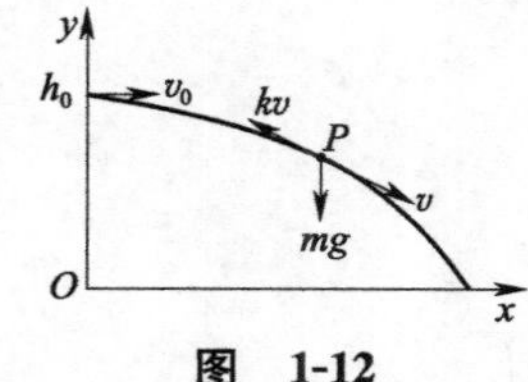

图　1-12

物体在运动中受到重力的作用，其方向向下，大小为 mg，此外还受到空气阻力的作用，其大小为 $kv(k>0$ 为常数$)$，其方向与运动速度的方向相反，它在水平方向上的分量为 $-kv_x=-k\frac{\mathrm{d}x}{\mathrm{d}t}$，在铅直方向上的分量为 $-kv_y=-k\frac{\mathrm{d}y}{\mathrm{d}t}$，因此物体在水平方向与铅直方向上所受的力分别为

$$F_x=-k\frac{\mathrm{d}x}{\mathrm{d}t},\quad F_y=-k\frac{\mathrm{d}y}{\mathrm{d}t}-mg,$$

根据牛顿第二定律

$$ma_x=F_x,\quad ma_y=F_y,$$

得到两个初值问题

$$\begin{cases} m\dfrac{\mathrm{d}^2x}{\mathrm{d}t^2}=-k\dfrac{\mathrm{d}x}{\mathrm{d}t}, \\ x\Big|_{t=0}=0, \dfrac{\mathrm{d}x}{\mathrm{d}t}\Big|_{t=0}=v_0, \end{cases} \quad \begin{cases} m\dfrac{\mathrm{d}^2y}{\mathrm{d}t^2}=-k\dfrac{\mathrm{d}y}{\mathrm{d}t}-mg, \\ y\Big|_{t=0}=h_0, \dfrac{\mathrm{d}y}{\mathrm{d}t}\Big|_{t=0}=0, \end{cases}$$

分别解这两个初值问题，可以得到物体的运动方程

$$\begin{cases} x=\dfrac{mv_0}{k}\left(1-\mathrm{e}^{-\frac{k}{m}t}\right), \\ y=h_0-\dfrac{mg}{k}t+\dfrac{m^2g}{k^2}\left(1-\mathrm{e}^{-\frac{k}{m}t}\right). \end{cases}$$

二、利用微元法建立微分方程

在利用微分方程解决实际问题时，很多情况下也可以借助微元法建立微分方程. 其基本思想是：任取自变量 x 的一个有代表性的小区间$[x,x+\mathrm{d}x]$，求出在这个小区间上函数 y 的微分 $\mathrm{d}y$，从而得到 x 与 y 所满足的微分方程.

下面是几个利用微元法建立微分方程的例子.

例 9 混合问题.

一容器内盛有 100L 清水，现将每升含盐量 4g 的盐水以 5L/min 的速率由 A 管注入容器，并不断进行搅拌使混合液迅速达到均匀，同时让混合液以 3L/min 的速率由 B 管流出容器，问在任一时刻 t 容器内的含盐量是多少？在 20min 末容器内的含盐量是多少？

解 设 t 时刻容器内的含盐量为 $m=m(t)$，在时间区间$[t,t+\mathrm{d}t]$内，含盐量的改变量等于在这段时间内注入的盐量减去这段时间内流出的盐量. 由题设，注入的盐量为

$$4\times 5\mathrm{d}t=20\mathrm{d}t,$$

由于 t 时刻盐水的浓度为$\dfrac{m}{100+5t-3t}=\dfrac{m}{100+2t}$，因而流出的盐量为

$$\frac{m}{100+2t}\times 3\mathrm{d}t=\frac{3m}{100+2t}\mathrm{d}t,$$

故有

$$\mathrm{d}m=20\mathrm{d}t-\frac{3m}{100+2t}\mathrm{d}t,$$

于是得到 $m(t)$所满足的微分方程

$$\begin{cases} \dfrac{\mathrm{d}m}{\mathrm{d}t}+\dfrac{3}{100+2t}m=20, \\ m(0)=0, \end{cases}$$

微分方程的通解为

$$\begin{aligned} m&=\mathrm{e}^{-\int\frac{3}{100+2t}\mathrm{d}t}\left[C+\int 20\mathrm{e}^{\int\frac{3}{100+2t}\mathrm{d}t}\mathrm{d}t\right] \\ &=(100+2t)^{-\frac{3}{2}}\left[C+4(100+2t)^{\frac{5}{2}}\right], \end{aligned}$$

把初始条件代入，得 $C=-4\times10^5$，于是 t 时刻容器内的含盐量为

$$m=4(100+2t)-4\times10^5(100+2t)^{-\frac{3}{2}}(\mathrm{g}),$$

20min 末的含盐量为

$$m(20)=4(100+2\times20)-4\times10^5(100+2\times20)^{-\frac{3}{2}}\approx318.5(\mathrm{g}).$$

例 10 某湖泊的水量为 V，每年排入湖泊内含污染物 A 的水量为 $\frac{V}{6}$，流入湖泊内不含 A 的水量为 $\frac{V}{6}$，流出湖泊的水量为 $\frac{V}{3}$. 已知 2000 年年底湖中 A 的含量为 $5m_0$，超过了国家标准. 为了治理污染，从 2001 年起，限制排入湖泊中含 A 污水的浓度不超过 $\frac{m_0}{V}$，问经过多少年湖泊中污染物 A 的含量能降至 m_0 以下(设湖水中 A 的浓度是均匀的)?

解 设 $t=0$ 表示 2001 年年初，设第 t 年湖泊中污染物 A 的含量为 $m=m(t)$，在时间区间 $[t,t+\mathrm{d}t]$ 内，排入湖泊中 A 的量为 $\frac{m_0}{V}\cdot\frac{V}{6}\mathrm{d}t=\frac{m_0}{6}\mathrm{d}t$，由于 t 时刻湖泊中 A 的浓度为 $\frac{m}{V}$，故流出湖泊的水中 A 的含量为 $\frac{m}{V}\cdot\frac{V}{3}\mathrm{d}t=\frac{m}{3}\mathrm{d}t$，因而 A 的含量的改变量为

$$\mathrm{d}m=\frac{m_0}{6}\mathrm{d}t-\frac{m}{3}\mathrm{d}t,$$

故得到 $m(t)$ 所满足的微分方程

$$\begin{cases}\dfrac{\mathrm{d}m}{\mathrm{d}t}+\dfrac{m}{3}=\dfrac{m_0}{6},\\ m(0)=5m_0,\end{cases}$$

解得

$$m=\frac{m_0}{2}\left(1+9\mathrm{e}^{-\frac{t}{3}}\right),$$

令 $m=m_0$，得 $m_0=\frac{m_0}{2}\left(1+9\mathrm{e}^{-\frac{t}{3}}\right)$，解得 $t=6\ln3\approx6.6$，因此经过 6.6 年以后，湖泊中污染物 A 的含量能降至 m_0 以下.

例 11 有一半径为 1m 的半球形容器最初盛满了水，在容器底部有一半径为 1cm 的小孔，水在重力的作用下从小孔流出，求容器内水面的高度(水面与孔口中心间的距离)随时间变化的规律，并确定需要多长时间容器中的水全部流完.

解 如图 1-13 所示建立坐标系. 设 t 时刻水面的高度为 $y=y(t)$，在时间间隔 $[t,t+\mathrm{d}t]$ 内，水面高度由 y 降至 $y+\mathrm{d}y$，因而流出水的体积为

$$\mathrm{d}V=-\pi x^2\mathrm{d}y,$$

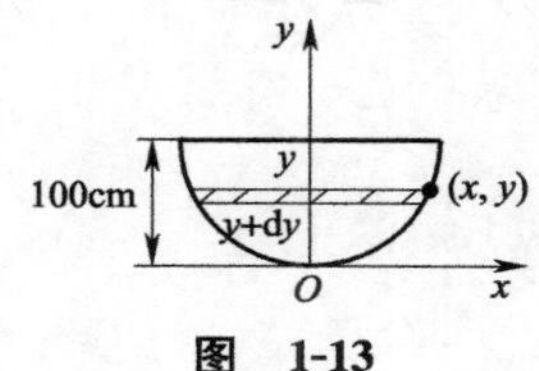

图 1-13

另一方面，根据托里拆利实验，水从小孔中流出的速率为 $k\sqrt{2gh}$，

其中 k 是流量系数，它取决于小孔的形状，这里取 $k=0.62$，h 是水面的高度，这里 $h=y$，于是在时间间隔 $[t,t+\mathrm{d}t]$ 内流出水的体积又等于

$$\mathrm{d}V=\pi\times1^2\times k\sqrt{2gy}\,\mathrm{d}t=0.62\pi\sqrt{2gy}\,\mathrm{d}t,$$

其中 $\pi\times1^2$ 是小孔横截面的面积，因而有

$$-\pi x^2\mathrm{d}y=0.62\pi\sqrt{2gy}\,\mathrm{d}t,$$

由于 $x^2+(y-100)^2=100^2$，故 $x^2=200y-y^2$，代入上式，得

$$(y^2-200y)\mathrm{d}y=0.62\sqrt{2gy}\,\mathrm{d}t,$$

即

$$\left(y^{\frac{3}{2}}-200\sqrt{y}\right)\mathrm{d}y=0.62\sqrt{2g}\,\mathrm{d}t,$$

积分得通解

$$\frac{2}{5}y^{\frac{5}{2}}-\frac{400}{3}y^{\frac{3}{2}}=0.62\sqrt{2g}t+C,$$

将 $y|_{t=0}=100$ 代入，得 $C=-\frac{14}{15}\times10^5$，因此水面高度与时间 t 的关系为

$$\frac{2}{5}y^{\frac{5}{2}}-\frac{400}{3}y^{\frac{3}{2}}=0.62\sqrt{2g}t-\frac{14}{15}\times10^5,$$

令 $y=0$，得到

$$t=\frac{14\times10^5}{15\times0.62\sqrt{2\times980}}\approx3400(\mathrm{s})=56(\mathrm{min})40(\mathrm{s}),$$

故容器内的水全部流完需要 56min40s.

三、运动路线问题

例 12 目标的跟踪(追踪曲线).

我方舰艇向敌方舰艇发射制导导弹，导弹头始终对准敌舰，设敌舰沿 y 轴正方向以匀速 v 行驶，导弹的速度是 $5v$，且设导弹由 x 轴上点 $(a,0)$ 处发射时，敌舰位于原点处，求导弹的轨迹曲线及击中目标的时间.

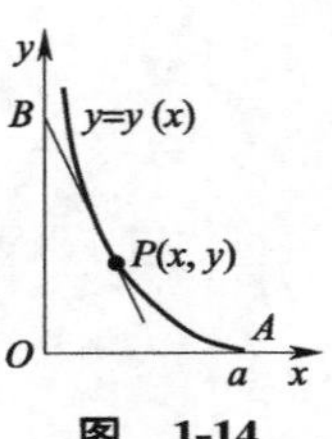

图 1-14

解 设导弹的轨迹曲线为 $y=y(x)$，如图 1-14 所示，设 $P(x,y)$ 是曲线上任一点，曲线在点 P 处的切线与 y 轴交于点 B，由题设，当导弹位于 P 点时，敌舰应位于 $B(0,vt)$ 点，因而有

$$\frac{\mathrm{d}y}{\mathrm{d}x}=\frac{vt-y}{-x}.$$

又曲线段 $\widehat{PA}$ 的长度为

$$\int_x^a\sqrt{1+\left(\frac{\mathrm{d}y}{\mathrm{d}x}\right)^2}\mathrm{d}x=5vt,$$

由上面两式消去 t，得

$$\int_x^a\sqrt{1+\left(\frac{\mathrm{d}y}{\mathrm{d}x}\right)^2}\mathrm{d}x=5\left(y-x\frac{\mathrm{d}y}{\mathrm{d}x}\right),$$

两端对 x 求导,得

$$-\sqrt{1+\left(\frac{\mathrm{d}y}{\mathrm{d}x}\right)^2}=-5x\frac{\mathrm{d}^2y}{\mathrm{d}x^2},$$

故有 $\quad 5x\frac{\mathrm{d}^2y}{\mathrm{d}x^2}=\sqrt{1+\left(\frac{\mathrm{d}y}{\mathrm{d}x}\right)^2},\quad y(a)=0,\quad y'(a)=0.$

方程为不显含 y 的二阶方程,令 $\frac{\mathrm{d}y}{\mathrm{d}x}=p(x)$,则 $\frac{\mathrm{d}^2y}{\mathrm{d}x^2}=p'(x)$,代入上式,得

$$5x\frac{\mathrm{d}p}{\mathrm{d}x}=\sqrt{1+p^2}.$$

利用分离变量法,得

$$\frac{\mathrm{d}p}{\sqrt{1+p^2}}=\frac{\mathrm{d}x}{5x},\quad \ln(p+\sqrt{1+p^2})=\frac{1}{5}\ln x+C_1.$$

将 $p(a)=\left.\frac{\mathrm{d}y}{\mathrm{d}x}\right|_{x=a}=0$ 代入,得 $C_1=-\frac{1}{5}\ln a$,由此得

$$\ln(p+\sqrt{1+p^2})=\frac{1}{5}\ln\frac{x}{a},$$

$$p+\sqrt{1+p^2}=\left(\frac{x}{a}\right)^{\frac{1}{5}},\quad p-\sqrt{1+p^2}=-\left(\frac{a}{x}\right)^{\frac{1}{5}}.$$

两式相加,得

$$y'=p=\frac{1}{2}\left[\left(\frac{x}{a}\right)^{\frac{1}{5}}-\left(\frac{a}{x}\right)^{\frac{1}{5}}\right],$$

积分得

$$y=\frac{5a}{4}\left[\frac{1}{3}\left(\frac{x}{a}\right)^{\frac{6}{5}}-\frac{1}{2}\left(\frac{x}{a}\right)^{\frac{4}{5}}\right]+C_2,$$

由 $y(a)=0$,得 $C_2=\frac{5a}{24}$,故导弹的轨迹曲线为

$$y=\frac{5a}{4}\left[\frac{1}{3}\left(\frac{x}{a}\right)^{\frac{6}{5}}-\frac{1}{2}\left(\frac{x}{a}\right)^{\frac{4}{5}}\right]+\frac{5a}{24}.$$

此曲线称为追踪曲线,当 $x=0$ 时,导弹击中目标,此时 $y=\frac{5a}{24}$,因此导弹击中目标的时间为

$$t=\frac{\frac{5a}{24}}{v}=\frac{5a}{24v}.$$

例 13 船的航行路线.

一小船渡河,设小船以匀速 v_1 航行,且航向始终对着出发时对岸的点,河宽为 a,河水流速为 v_2,求小船航行的路线.

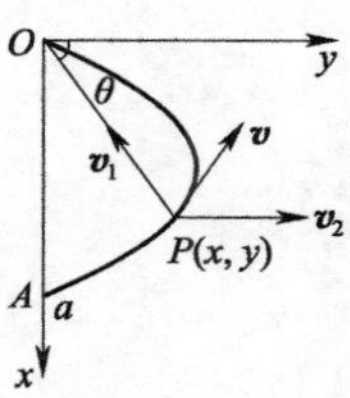

图 1-15

解 如图 1-15 所示建立坐标系. 设 $A(a,0)$ 为小船出发点,原点为出发时对岸的点,小船航行路线为 $y=y(x)$,$P(x,y)$ 是曲线上任一点,小船实际航速为 $\boldsymbol{v}=\boldsymbol{v}_1+\boldsymbol{v}_2$,其中 $\boldsymbol{v}_1,\boldsymbol{v}_2$ 的方向如图 1-15 所示,将小船的运动分解为 x 轴方向与 y 轴方向上的运动,由于

$$\boldsymbol{v}=(v_x,v_y)=\left(\frac{\mathrm{d}x}{\mathrm{d}t},\frac{\mathrm{d}y}{\mathrm{d}t}\right),$$

于是有

$$\frac{\mathrm{d}y}{\mathrm{d}t}=v_2-v_1\cos\theta,\quad \frac{\mathrm{d}x}{\mathrm{d}t}=-v_1\sin\theta,$$

(θ为OP 与 y 轴正向的夹角)两式相除,得

$$\frac{\mathrm{d}y}{\mathrm{d}x}=\cot\theta-\frac{v_2}{v_1}\frac{1}{\sin\theta},$$

记$\frac{v_2}{v_1}=b$,又由于 $\cot\theta=\frac{y}{x}$,$\sin\theta=\frac{x}{\sqrt{x^2+y^2}}$,故得

$$\begin{cases}\frac{\mathrm{d}y}{\mathrm{d}x}=\frac{y}{x}-b\frac{\sqrt{x^2+y^2}}{x},\\ y\big|_{x=a}=0.\end{cases}$$

令 $u=\frac{y}{x}$,代入上面方程,得

$$\frac{\mathrm{d}u}{\sqrt{1+u^2}}=-b\frac{\mathrm{d}x}{x},\quad \ln(u+\sqrt{1+u^2})=-b\ln x+C,$$

由 $u\Big|_{x=a}=\frac{y}{x}\Big|_{x=a}=0$,得 $C=b\ln a$,故

$$\ln(u+\sqrt{1+u^2})=\ln\left(\frac{a}{x}\right)^b,$$

$$u+\sqrt{1+u^2}=\left(\frac{a}{x}\right)^b,\quad u-\sqrt{1+u^2}=-\left(\frac{x}{a}\right)^b,$$

两式相加,得

$$u=\frac{1}{2}\left[\left(\frac{a}{x}\right)^b-\left(\frac{x}{a}\right)^b\right],$$

即 $$y=\frac{x}{2}\left[\left(\frac{a}{x}\right)^b-\left(\frac{x}{a}\right)^b\right]=\frac{a}{2}\left[\left(\frac{x}{a}\right)^{1-b}-\left(\frac{x}{a}\right)^{1+b}\right],$$

此即小船航行的路线.

由此函数表达式可知,如果 $v_1>v_2$,即 $b<1$,则当 $x=0$ 时,$y=0$,即小船如愿以偿到达 O 点. 如果 $v_1=v_2$,即 $b=1$,则函数表示变为

$$y=\frac{a}{2}\left[1-\left(\frac{x}{a}\right)^2\right],$$

曲线不通过原点,即小船不能如愿到达 O 点. 如果 $v_1<v_2$,即 $b>1$,则由

$$\lim_{x\to 0^+}y=+\infty$$

可知,船将被河水冲向远处,不可能到达对岸.

四、增长问题

例 14 物质 A 和 B 化合生成新的物质 X,设反应的过程不可

逆，在反应初始时刻 A,B,X 的量分别为 $a,b,0$，在反应过程中，A,B 失去的量为 X 生成的量，并且在 X 中所含 A 与 B 的比例为 $\alpha:\beta$，已知 X 的量 x 的增长率与 A,B 的剩余量之积成正比，比例系数 $k>0$，求反应过程开始后 t 时刻生成物 X 的量 x 与时间 t 的关系（设 $b\alpha-a\beta\neq 0$）.

解 由题设，t 时刻 X 中 A,B 的量分别为 $\frac{\alpha}{\alpha+\beta}x,\frac{\beta}{\alpha+\beta}x$，

于是 A,B 的剩余量分别为

$$a-\frac{\alpha}{\alpha+\beta}x,\ b-\frac{\beta}{\alpha+\beta}x,$$

又由于 X 的量 x 的增长率为 $\frac{\mathrm{d}x}{\mathrm{d}t}$，因此得

$$\begin{cases}\frac{\mathrm{d}x}{\mathrm{d}t}=k\left(a-\frac{\alpha}{\alpha+\beta}x\right)\left(b-\frac{\beta}{\alpha+\beta}x\right),\\ x|_{t=0}=0.\end{cases}$$

分离变量，得

$$\frac{1}{b\alpha-a\beta}\left[\frac{\alpha}{a-\frac{\alpha}{\alpha+\beta}x}-\frac{\beta}{b-\frac{\beta}{\alpha+\beta}x}\right]\mathrm{d}x=k\mathrm{d}t,$$

积分，得

$$\frac{\alpha+\beta}{a\beta-b\alpha}\ln\frac{a(\alpha+\beta)-\alpha x}{b(\alpha+\beta)-\beta x}=kt+C,$$

将初始条件代入，得 $C=\frac{\alpha+\beta}{a\beta-b\alpha}\ln\frac{a}{b}$，故有

$$\frac{\alpha+\beta}{a\beta-b\alpha}\ln\frac{ab(\alpha+\beta)-b\alpha x}{ab(\alpha+\beta)-a\beta x}=kt.$$

习题 1-8

1. 某国家 1985 年人口数量为 1000 万，年相对增长率为 1.2%，此外每年有来自其他国家的移民 6 万人，请预测该国 2010 年的人口数量.
2. 雪球体积融化的速率与它的表面积成正比，如果 $t=0$（单位为 s）时，雪球半径 $r=2$（单位为 cm），$t=10$ 时，$r=0.5$，求雪球全部融化所需要的时间.
3. 某种细菌以飞快的速度增长，中午 12:00 时细菌数为 1 万个，两小时后增加到 4 万个，已知细菌增长的速率与它当时的数量成正比，求下午 5:00 细菌的数量.
4. 所有物体都含有 C^{12} 和 C^{14}，C^{12} 是稳定的，C^{14} 具有放射性，植物或动物活着时，这两种元素的比值是不变的（因为不断产生新的 C^{14}）. 但当它们死后，C^{14} 不断减少，它的半衰期是 5730 年. 如果一个古老堡垒被烧焦的木头的 C^{14} 含量是树木活着时的 70%，假

定木材砍后很快被用来建造堡垒，且不久就被烧毁，那么堡垒是多少年前烧毁的？

5. 在某一人群中推广新技术是通过其中已掌握新技术的人进行的. 设该人群的总人数为 N，在 $t=0$ 时刻已掌握新技术的人数为 x_0，在任意时刻 t 已掌握新技术的人数为 $x(t)$（将 $x(t)$ 视为连续可微函数），其变化率与已掌握新技术和未掌握新技术人数之积成正比，比例系数 $k>0$，求 $x(t)$.
6. 一汽车从静止出发，开始时加速度为 10m/s^2，然后加速度随所行的距离线性地减少，到汽车已走到 250m 时，加速度变为 0，试写出汽车行走的距离所满足的微分方程和初始条件，并求其解.
7. 列车在直线轨道上以 20m/s 的速度行驶，制动时列车获得加速度 -0.4m/s^2，问开始制动后要经过多少时间才能把列车刹住？在这段时间内列车行驶了多少路程？
8. 设降落伞从跳伞塔下落后，所受空气阻力与速度成正比，并设初速度为零，求降落伞下落速度与时间的函数关系.
9. 一个单位质量的质点在数轴上运动，开始时质点在原点 O 处且速度为 v_0，在运动过程中，它受到一个力的作用，这个力的大小与质点到原点的距离成正比（比例系数 $k_1>0$），而方向与初速度一致，又介质的阻力与速度成正比（比例系数 $k_2>0$），求描述该质点运动规律的函数所满足的微分方程.
10. 当轮船的前进速度为 v_0 时，轮船的推进器停止工作，已知轮船所受水的阻力与船速的平方成正比（比例系数为 mk，其中 m 为船的质量），问经过多少时间船速减到原来的一半？
11. 质量均匀的链条悬挂在钉子上，开始运动时一端离开钉子 8m，另一端离开钉子 12m，若不计钉子对链条产生的摩擦力，求链条滑下钉子所需要的时间.
12. 质量为 1g 的质点受外力作用做直线运动，外力与时间成正比，同时与运动速度成反比，在 $t=10\text{s}$ 时，速度为 50cm/s，外力为 $4\text{g}\cdot\text{cm/s}^2$，问从运动开始经过 60s 后速度是多少？
13. 设子弹以 200m/s 的速度射入厚 0.1m 的木板，受到的阻力大小与子弹速度的平方成正比，如果子弹穿出木板时的速度为 80m/s，求子弹穿过木板的时间.
14. 在公路交通事故现场，常会发现事故车辆的车轮底下留有一段拖痕，这是由于紧急制动后制动片抱紧制动箍使车轮停止了转动，由于惯性的作用，车轮在地面上摩擦滑动而留下的，如果在某事故现场测得拖痕的长度为 10m，求事故车辆在紧急制动前的车速（假定车轮的摩擦系数为 $\lambda=1.02$）.
15. 设直径为 0.5m 的圆柱形浮筒铅直地放在水中，将浮筒稍向下压后突然放开，浮筒在水中上下振动的周期为 2s，求浮筒的质量.

16. 大炮以仰角α，初速度 v_0 发射炮弹，若不计空气阻力，求弹道曲线.

17. 从船上向海中沉放某种探测仪器，按探测要求，需确定仪器的下沉深度 y（从海平面算起）与下沉速度 v 之间的函数关系.设仪器在重力的作用下，从海平面由静止开始铅直下沉，在下沉过程中还受到阻力和浮力的作用.设仪器质量为 m，体积为 B，海水比重为 ρ，仪器所受的阻力与下沉速度成正比，比例系数为 $k(k>0)$，试建立 y 与 v 所满足的微分方程，并求出函数关系式.

18. (1) 一架质量为 4.5t 的歼击机以 600km/h 的航速开始着陆，在减速伞的作用下滑跑 500m 后速度减为 100km/h，设减速伞的阻力与飞机的速度成正比，并忽略飞机所受的其他外力，试计算减速伞的阻力系数.

    (2) 若将同样的减速伞配备在质量为 9t 的轰炸机上，现已知机场的跑道长为 1500m，若飞机着陆速度为 700km/h，问机场跑道长度能否保障飞机安全着陆？

19. 将室内一支读数为 24℃的温度计放到室外，2min 后温度计的读数为 28℃，又过了 2min 温度计的读数为 30℃，问室外温度为多少摄氏度？

20. 一电动机运转后每小时温度升高 10℃，设室内温度恒为 15℃，电动机温度升高后冷却速度与电动机和室内的温度差成正比，求电动机的温度与时间的函数关系.

21. 当一次谋杀发生后，尸体的温度从原来的 37℃开始变冷，假设 2h 后尸体温度变为 35℃，并且假定周围空气的温度保持在 20℃不变，求尸体温度 T 与时间 t 的函数关系.如果尸体被发现时的温度是 30℃，时间是下午 4:00 整，那么谋杀是何时发生的？

22. 设 RC 串联电路如图 1-16 所示，设开始时电容器两端的电压为零，当开关合上时，电源就向电容器充电，求电容器电压 u_C 随时间变化的规律.

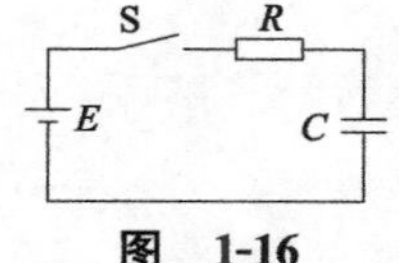

图　1-16

23. 设有一个由电阻 $R=10\Omega$，电感 $L=2\text{H}$ 和电源电压 $E=20\sin 5t\text{V}$ 串联组成的电路，开关 S 合上后，电路中有电流通过，求电流 i 与时间 t 的函数关系.

24. 一容器内盛有 100L 盐水，其中含盐 10kg，今用 3L/min 的匀速将净水由 A 管注入容器，并以 2L/min 的匀速让盐水由 B 管流出，求 1h 后容器内溶液的含盐量（假定溶液在任一时刻都是均匀的）.

25. 已知某车间的容积为 30m×30m×6m，其中的空气含有 0.12%的 CO_2（以容积计算），现用鼓风机将 CO_2 含量为 0.04%的新鲜空气输入，假定输入的新鲜空气与原有空气立即混合均匀并以相同流量排出室外，问每分钟应输入多少新鲜空气才能在30min后使车间空气中CO_2的含量不超过0.06%？

26. 枯死的落叶在森林中以每年$3g/cm^2$的速率聚集在地面上，同时这些落叶又以每年75%的速率腐烂，试求枯叶质量（每平方厘米上）与时间的函数关系$m(t)$，并讨论其变化趋势.

27. 假设某公司的净资产因资产本身产生了利息而以5%的利率增长，该公司还必须连续地支付职工工资2亿元（以上两项皆以年为单位，利率为连续复利）. 设初始净资产为W_0，求净资产与时间的函数关系$W(t)$，并讨论当W_0为30,40,50（单位：亿元）时$W(t)$的变化趋势.

28. 有一盛满了水的圆锥形漏斗，高为10cm，顶角为60^0，漏斗下面有面积为$0.5cm^2$的小孔，求水面高度变化的规律及水流完所需的时间（注：水从小孔流出的速率为$0.62S\sqrt{2gh}$，其中S为孔口截面积，h为水面高度）.

29. 某容器的形状是由曲线$x=f(y)$绕y轴旋转而成的立体. 今按$2t(cm^3/s)$的流量往容器内注水（其中t是时间），为了使水面上升速率恒为$\frac{2}{\pi}cm/s$，问$f(y)$应是怎样的函数（设$f(0)=0$）？

30. 小船从河边点O处出发驶向对岸（两岸为平行线），设船速为a，航行方向始终与河岸垂直，又设河宽为h，河中任一点处的水流速度与该点到两岸距离的乘积成正比（比例系数为k），求小船的航行路线.

2

第二章 向量代数与空间解析几何

向量代数与空间解析几何的知识对于多元函数微分学及多元函数积分学是不可缺少的基础，也是其他数学分支以及力学、电学等自然科学常用的工具. 本章首先建立空间直角坐标系，介绍向量的一些运算，然后以向量为工具讨论空间平面与直线，最后介绍空间曲面与曲线. 学习时要注意与平面解析几何的联系与区别.

多元的陶瓷

第一节 空间直角坐标系

一、空间直角坐标系

过空间一点 O 引出的三条互相垂直且具有相同长度单位的数轴称为**空间直角坐标系**(见图 2-1). 点 O 叫作坐标原点，三条数轴分别叫作 x 轴、y 轴、z 轴. 我们在本章使用的空间直角坐标系都是右手系，它的 x 轴、y 轴、z 轴的次序与方向是按右手法则排列的，若将右手四个手指从 x 轴的正向经过 $90°$ 转到 y 轴的正向时，右手拇指刚好指向 z 轴正向.

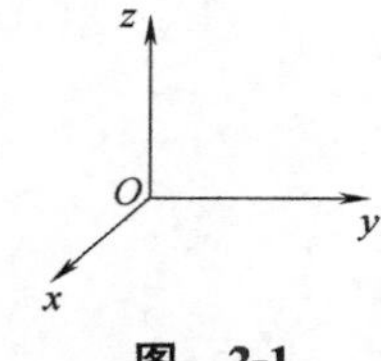

图 2-1

取定了空间直角坐标系后，我们就可以建立空间的点与三个有序实数之间的对应关系. 设 M 是空间中的一个点，过 M 分别作垂直于三个坐标轴的平面，这三个平面与三个坐标轴分别交于 A,B,C 三点(见图 2-2)，这三个点在三个坐标轴上的坐标分别为 x,y,z，将有序数组 (x,y,z) 称为点 M 的坐标. 其中 x,y,z 分别叫作点 M 的 x 坐标、y 坐标、z 坐标. 反之，任意给定一个有序数组 (x,y,z) 在空间中有唯一的一个点以 (x,y,z) 为其坐标. 因此，空间中的点与有序数组 (x,y,z)，之间具有一一对应的关系.

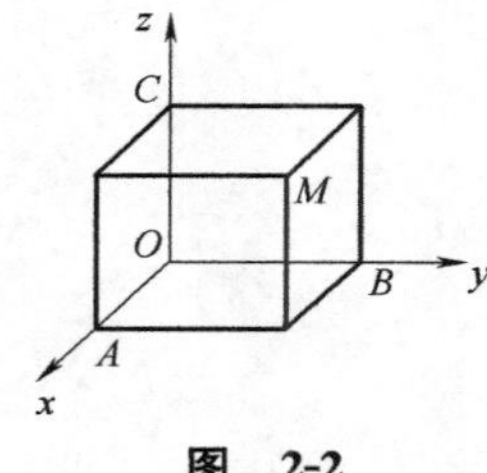

图 2-2

在空间直角坐标系中，每两条坐标轴所确定的平面叫作坐标面. 这样就确定了三个坐标面，分别为 xOy 面，yOz 面，zOx 面. 三个坐标平面把空间分成了八部分，每一部分叫作一个卦限. 如图 2-3所示，位于上半空间的四个卦限依次称为Ⅰ，Ⅱ，Ⅲ，Ⅳ卦限，位于下半空间的四个卦限依次称为Ⅴ，Ⅵ，Ⅶ，Ⅷ卦限.

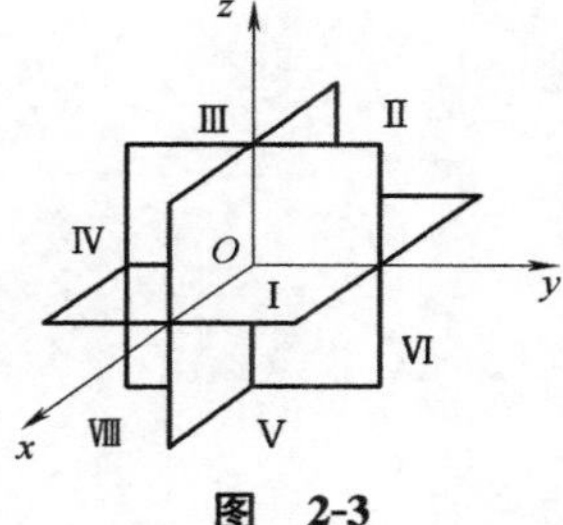

图 2-3

在每个卦限中，点的坐标的符号分别为

Ⅰ(+,+,+)，Ⅱ(−,+,+)，Ⅲ(−,−,+)，Ⅳ(+,−,+)，
Ⅴ(+,+,−)，Ⅵ(−,+,−)，Ⅶ(−,−,−)，Ⅷ(+,−,−).

原点的坐标为(0,0,0). x 轴上点的坐标为$(x,0,0)$，y 轴上点的坐标为$(0,y,0)$，z 轴上点的坐标为$(0,0,z)$. xOy 面上点的坐标为$(x,y,0)$，yOz 面上点的坐标为$(0,y,z)$，zOx 面上点的坐标为$(x,0,z)$.

二、空间两点间的距离

设 $M(x_1,y_1,z_1)$和 $N(x_2,y_2,z_2)$是空间中两点，如图 2-4 所示，过点 M 和 N 分别作垂直于 xOy 面的直线，它们分别与 xOy 面交于点 M_1，N_1，过点 M 作 NN_1 的垂线 ML，则点 M 到点 N 的距离为

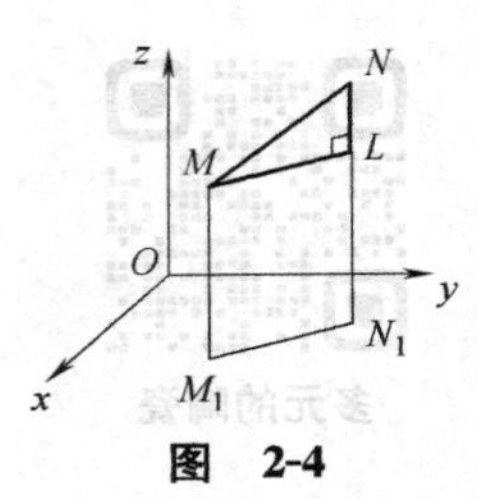

图　2-4

$$d=\sqrt{ML^2+NL^2}=\sqrt{M_1N_1^2+NL^2},$$

由于 $M_1(x_1,y_1,0)$，$N_1(x_2,y_2,0)$，因此由平面解析几何可知

$$M_1N_1^2=(x_2-x_1)^2+(y_2-y_1)^2,$$

又

$$NL=|z_2-z_1|,$$

故有

$$\boxed{d=\sqrt{(x_2-x_1)^2+(y_2-y_1)^2+(z_2-z_1)^2}.}$$

特别地，点 $M(x,y,z)$与原点 $O(0,0,0)$间的距离为

$$\boxed{d=\sqrt{x^2+y^2+z^2}.}$$

与平面解析几何中两点间的距离公式相比较，空间中两点间的距离公式中只是增加了一项$(z_2-z_1)^2$.

三、坐标轴的平移

如果将空间直角坐标系 $Oxyz$ 平移得一新的直角坐标系 $O'x'y'z'$，其中 O'在原坐标系中的坐标为(a,b,c). 设点 M 在旧坐标系中的坐标为(x,y,z)，在新坐标系中的坐标为(x',y',z')，则点 M 的新旧坐标之间有如下关系：

$$\begin{cases}x=x'+a,\\ y=y'+b,\\ z=z'+c.\end{cases}$$

习题 2-1

1. 指出下列各点在空间直角坐标系中的位置.
   $A(1,-2,3)$；$B(2,3,-4)$；$C(2,-3,-4)$；$D(-2,-3,1)$；
   $E(3,4,0)$；$F(0,4,-1)$；$G(0,0,3)$；$H(0,-2,0)$.
2. 求点(2,−1,3)关于原点、各坐标轴及各坐标面的对称点的坐标.
3. 求点 $M(4,-3,5)$到各坐标轴的距离.
4. 证明：以 $A(4,1,9)$，$B(10,-1,6)$，$C(2,4,3)$为顶点的三角形是等腰直角三角形.
5. 在 z 轴上求与点 $A(-4,1,7)$和点 $B(3,5,-2)$等距离的点.
6. 在 yOz 面上求与点 $A(3,1,2)$，$B(4,-2,-2)$和 $C(0,5,1)$等距

离的点.

第二节　向量及其线性运算

一、向量的概念

在实际问题中，我们常遇到两类不同性质的量. 一类是只具有大小的量，称为**数量**. 例如时间、质量、温度、体积等都是数量. 另一类是不仅有大小而且还有方向的量，称为**向量**. 例如力、速度、加速度等都是向量. 向量可以用有向线段来表示. 有向线段的长度表示向量的大小，有向线段的方向表示向量的方向(见图 2-5). 以 A 为起点，B 为终点的向量记作$\overrightarrow{AB}$或$\boldsymbol{a}$.

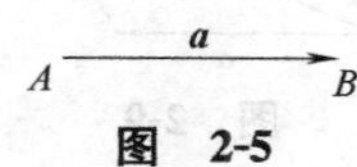

图　2-5

向量$\overrightarrow{AB}$(或$\boldsymbol{a}$)的大小叫作向量的模，记作$|\overrightarrow{AB}|$(或$|\boldsymbol{a}|$).

模为零的向量叫作零向量，记作 $\mathbf{0}$. 零向量没有确定的方向，或者说它的方向是任意的.

模为 1 的向量称为单位向量. 与 $\boldsymbol{a}$ 同方向的单位向量记作$\boldsymbol{a}^0$.

与 $\boldsymbol{a}$ 方向相反但是模相等的向量叫作 $\boldsymbol{a}$ 的负向量，记作$-\boldsymbol{a}$.

如果向量 $\boldsymbol{a}$ 与 $\boldsymbol{b}$ 所在的线段平行，则称此二向量平行，记作$\boldsymbol{a}/\!/\boldsymbol{b}$.

我们在本书中所讨论的向量都是自由向量，即向量可以在空间中任意地平行移动，如此移动后仍被看成是原来的向量. 因而如果向量 $\boldsymbol{a}$ 与 $\boldsymbol{b}$ 的模相等且方向相同，则称 $\boldsymbol{a}$ 与 $\boldsymbol{b}$ 是相等的，记作 $\boldsymbol{a}=\boldsymbol{b}$. 相等的向量通过平移能完全重合. 对自由向量而言，相互平行的向量又可称为共线的向量. 以后为了讨论方便起见，我们常常把向量$\overrightarrow{AB}$平行移动，得到一个以原点为起点的向量$\overrightarrow{OM}$($\overrightarrow{OM}=\overrightarrow{AB}$). 我们将以 M 为终点的向量$\overrightarrow{OM}$叫作点 M 的向径.

二、向量的加减法

根据力学中力、速度等的合成法则，我们对一般的向量加法有如下定义.

定义 1　**设向量 $\boldsymbol{a}$，$\boldsymbol{b}$，当 $\boldsymbol{a}$ 与 $\boldsymbol{b}$ 不平行时，以这两个向量为邻边作平行四边形 $OACB$(见图 2-6a)，其中$\overrightarrow{OA}=\boldsymbol{a}$，$\overrightarrow{OB}=\boldsymbol{b}$，则其对角线向量$\overrightarrow{OC}=\boldsymbol{c}$ 称为向量 $\boldsymbol{a}$ 与 $\boldsymbol{b}$ 的和向量，记作 $\boldsymbol{c}=\boldsymbol{a}+\boldsymbol{b}$，这种求和的法则叫作平行四边形法则.**

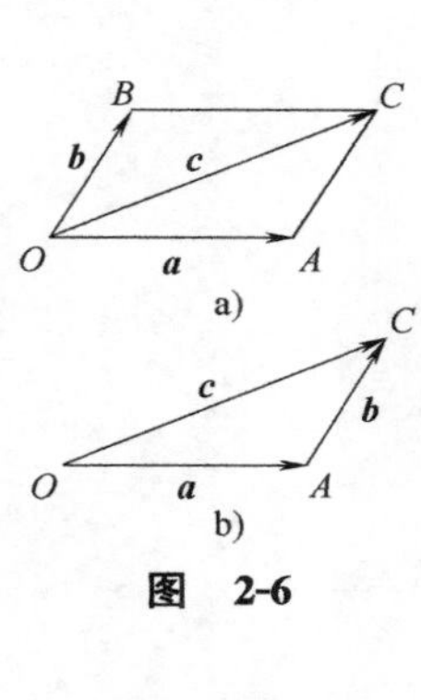

图　2-6

由于有$\overrightarrow{AC}=\overrightarrow{OB}=\boldsymbol{b}$，因此也可以用三角形法则定义向量 $\boldsymbol{a}$ 与 $\boldsymbol{b}$ 的和，如图 2-6b 所示，将向量 $\boldsymbol{b}$ 平行移动，使其起点与 $\boldsymbol{a}$ 的终点重合，则 $\boldsymbol{a}$ 的起点到 $\boldsymbol{b}$ 的终点的向量就是 $\boldsymbol{a}+\boldsymbol{b}$.

当 $\boldsymbol{a}$ 与 $\boldsymbol{b}$ 平行时，如图 2-7 所示，设$\overrightarrow{AB}=\boldsymbol{a}$，$\overrightarrow{BC}=\boldsymbol{b}$，则有 $\boldsymbol{a}+\boldsymbol{b}=\overrightarrow{AC}$.

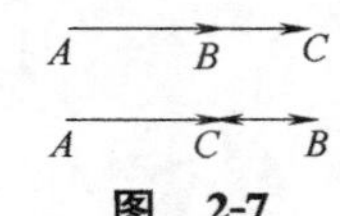

图　2-7

求多个向量的和时，可利用多边形法则(三角形法则的推广)，如图 2-8 所示，将向量 $\boldsymbol{a}$，$\boldsymbol{b}$，$\boldsymbol{c}$，$\boldsymbol{d}$ 依次首尾相接，有 $\boldsymbol{a}+\boldsymbol{b}+\boldsymbol{c}+$

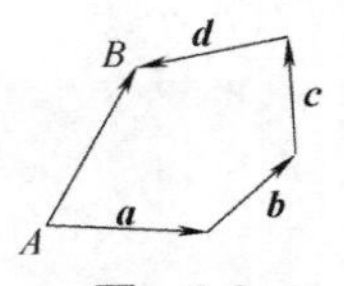

图 2-8

$\boldsymbol{d}=\overrightarrow{AB}$.

向量加法有以下运算规律.

(1) 交换律 $\boldsymbol{a}+\boldsymbol{b}=\boldsymbol{b}+\boldsymbol{a}$;

(2) 结合律 $(\boldsymbol{a}+\boldsymbol{b})+\boldsymbol{c}=\boldsymbol{a}+(\boldsymbol{b}+\boldsymbol{c})$.

这两个运算规律可以分别根据向量加法的定义及图 2-9 和图 2-10得到证明.

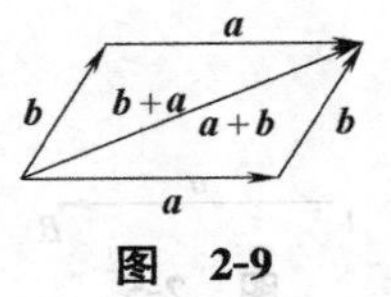

图 2-9

利用加法的逆运算可以定义向量的减法.

定义 2 **若 $\boldsymbol{b}+\boldsymbol{c}=\boldsymbol{a}$,则称 $\boldsymbol{c}$ 为 $\boldsymbol{a}$ 与 $\boldsymbol{b}$ 的差向量,记作 $\boldsymbol{c}=\boldsymbol{a}-\boldsymbol{b}$.**

也可以利用 $\boldsymbol{a}-\boldsymbol{b}=\boldsymbol{a}+(-\boldsymbol{b})$定义 $\boldsymbol{a}$ 与 $\boldsymbol{b}$ 的差向量. 图 2-11 中的 $\boldsymbol{c}$ 都表示 $\boldsymbol{a}$ 与 $\boldsymbol{b}$ 的差向量.

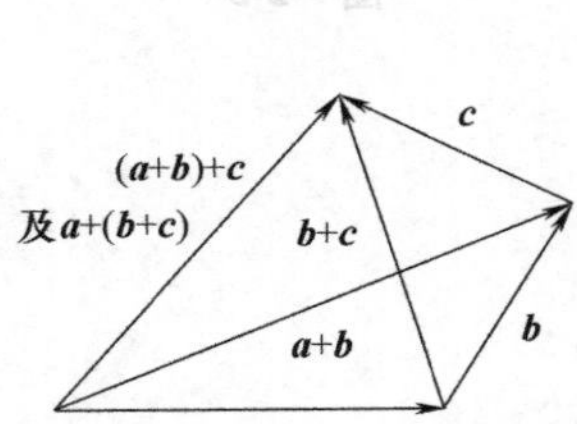

图 2-10

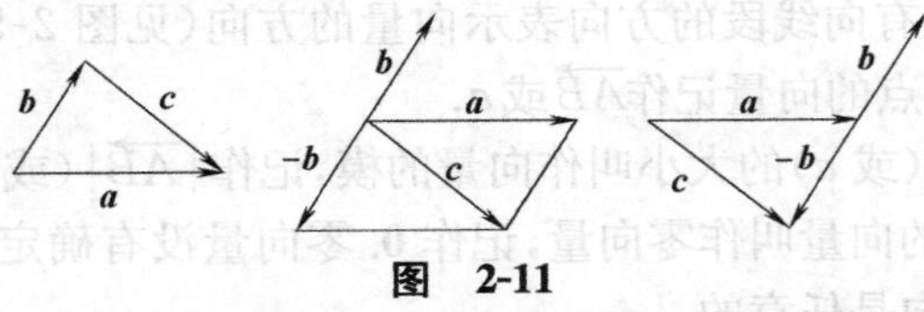

图 2-11

三、数与向量的乘积

如果将两个相等的向量 $\boldsymbol{a}$ 与 $\boldsymbol{a}$ 相加,其和向量 $\boldsymbol{a}+\boldsymbol{a}$ 的方向与 $\boldsymbol{a}$ 的方向相同,而大小为 $\boldsymbol{a}$ 的两倍,我们常常将 $\boldsymbol{a}+\boldsymbol{a}$ 记作 $2\boldsymbol{a}$,这便是一个数与向量的乘积. 一般地,有如下定义.

定义 3 **实数 λ 与向量 $\boldsymbol{a}$ 的乘积记作 $\lambda\boldsymbol{a}$ (叫作数乘向量),$\lambda\boldsymbol{a}$ 是一个向量,它的模为 $|\lambda\boldsymbol{a}|=|\lambda||\boldsymbol{a}|$,它的方向为:当 $\lambda>0$ 时,$\lambda\boldsymbol{a}$ 与 $\boldsymbol{a}$ 同向;当 $\lambda<0$ 时,$\lambda\boldsymbol{a}$ 与 $\boldsymbol{a}$ 反向;当 $\lambda=0$ 时,$\lambda\boldsymbol{a}=\boldsymbol{0}$.**

数乘向量有下列运算规律.

(1) 结合律 $\lambda(\mu\boldsymbol{a})=(\lambda\mu)\boldsymbol{a}$;

(2) 分配律 $(\lambda+\mu)\boldsymbol{a}=\lambda\boldsymbol{a}+\mu\boldsymbol{a}$,

$$\lambda(\boldsymbol{a}+\boldsymbol{b})=\lambda\boldsymbol{a}+\lambda\boldsymbol{b},$$

证 (1) 由于

$$|\lambda(\mu\boldsymbol{a})|=|\lambda||\mu\boldsymbol{a}|=|\lambda||\mu||\boldsymbol{a}|=|\lambda\mu||\boldsymbol{a}|=|(\lambda\mu)\boldsymbol{a}|,$$

即 $\lambda(\mu\boldsymbol{a})$与$(\lambda\mu)\boldsymbol{a}$ 的模相等,又不论 λ,μ 为什么样的数,由定义可得知 $\lambda(\mu\boldsymbol{a})$与$(\lambda\mu)\boldsymbol{a}$ 的方向也相同,因此有

$$\lambda(\mu\boldsymbol{a})=(\lambda\mu)\boldsymbol{a};$$

(2) 根据向量加法的定义很容易证明

$$(\lambda+\mu)\boldsymbol{a}=\lambda\boldsymbol{a}+\mu\boldsymbol{a},$$

利用图 2-12 及相似三角形的有关知识,可以得到

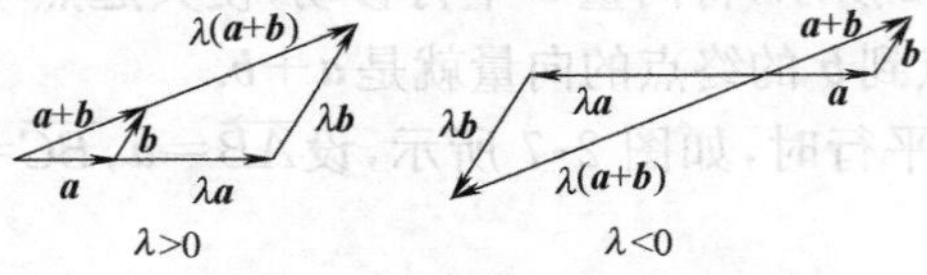

图 2-12

$$\lambda(\boldsymbol{a}+\boldsymbol{b})=\lambda\boldsymbol{a}+\lambda\boldsymbol{b}.$$

由数乘向量的定义可知 $\boldsymbol{a}=|\boldsymbol{a}|\boldsymbol{a}^0$，因此当 $|\boldsymbol{a}|\neq 0$ 时，有

$$\boldsymbol{a}^0=\frac{1}{|\boldsymbol{a}|}\boldsymbol{a}=\frac{\boldsymbol{a}}{|\boldsymbol{a}|},$$

由此可以推出下面定理.

定理 **设 $\boldsymbol{a}$ 与 $\boldsymbol{b}$ 都是非零向量，则 $\boldsymbol{a}/\!/\boldsymbol{b}$ 的充分必要条件是存在数 λ，使 $\boldsymbol{b}=\lambda\boldsymbol{a}$.**

证　充分性是显然的，下面证必要性.

设 $\boldsymbol{a}/\!/\boldsymbol{b}$，则必有 $\boldsymbol{a}^0=\boldsymbol{b}^0$ 或 $\boldsymbol{a}^0=-\boldsymbol{b}^0$，即

$$\frac{\boldsymbol{a}}{|\boldsymbol{a}|}=\frac{\boldsymbol{b}}{|\boldsymbol{b}|}\text{或}\frac{\boldsymbol{a}}{|\boldsymbol{a}|}=-\frac{\boldsymbol{b}}{|\boldsymbol{b}|},$$

取 $\lambda=\frac{|\boldsymbol{b}|}{|\boldsymbol{a}|}$ 或 $\lambda=-\frac{|\boldsymbol{b}|}{|\boldsymbol{a}|}$，则有 $\boldsymbol{b}=\lambda\boldsymbol{a}$，于是定理得证.

四、向量的投影

设向量 $\boldsymbol{a}$ 与 $\boldsymbol{b}$，如图 2-13 所示，过 $\boldsymbol{a}$ 的起点 M 与终点 N 分别作与向量 $\boldsymbol{b}$ 所在的直线垂直的平面，这两个平面分别与 $\boldsymbol{b}$ 所在的直线交于点 M' 和 N'，由前面的讨论知道，一定存在数 λ，使 $\overrightarrow{M'N'}=\lambda\boldsymbol{b}^0$，我们将这个数 λ 称为向量 $\boldsymbol{a}$ 在向量 $\boldsymbol{b}$ 上的投影，记作 $(\boldsymbol{a})_{\boldsymbol{b}}$，即

$$(\boldsymbol{a})_{\boldsymbol{b}}=\lambda.$$

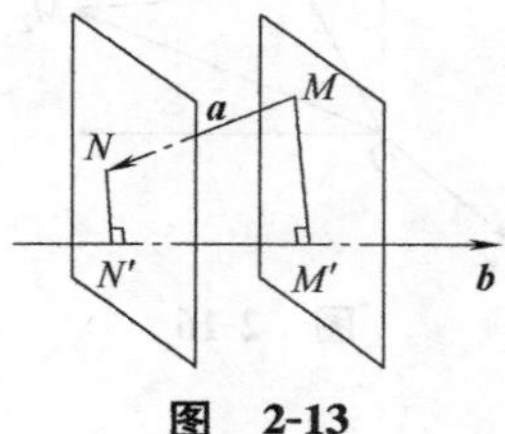

图　2-13

将向量 $\boldsymbol{a}$ 与 $\boldsymbol{b}$ 的起点移到一起，如图 2-14 所示，规定不超过 π 的角 $\angle AOB=\varphi$ 为向量 $\boldsymbol{a}$ 与 $\boldsymbol{b}$ 的夹角，记作 $\langle\boldsymbol{a},\boldsymbol{b}\rangle$，即 $\langle\boldsymbol{a},\boldsymbol{b}\rangle=\varphi$. 另外，规定向量与坐标轴的正方向的夹角为向量与坐标轴的夹角.

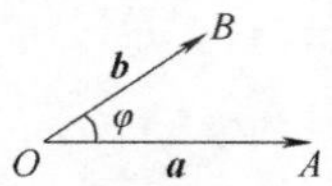

图　2-14

由以上定义可以得出**向量的投影具有如下性质.**

(1) $(\boldsymbol{a})_{\boldsymbol{b}}=|\boldsymbol{a}|\cos\langle\boldsymbol{a},\boldsymbol{b}\rangle$；

(2) $(\boldsymbol{a}+\boldsymbol{b})_{\boldsymbol{c}}=(\boldsymbol{a})_{\boldsymbol{c}}+(\boldsymbol{b})_{\boldsymbol{c}}$.

五、向量的坐标表示

下面引进向量的坐标，把向量与数组联系起来，从而可将向量的运算化成数组的运算.

如图 2-15 所示，设 $\overrightarrow{OM}$ 是起点为原点、终点为 $M(x,y,z)$ 的向量，根据向量的加法，有

$$\overrightarrow{OM}=\overrightarrow{OA}+\overrightarrow{OB}+\overrightarrow{OC}.$$

在 x 轴、y 轴、z 轴的正方向分别取单位向量 $\boldsymbol{i},\boldsymbol{j},\boldsymbol{k}$（称为基本单位向量），则存在数 x,y,z，使 $\overrightarrow{OA}=x\boldsymbol{i}$，$\overrightarrow{OB}=y\boldsymbol{j}$，$\overrightarrow{OC}=z\boldsymbol{k}$，于是有

$$\overrightarrow{OM}=x\boldsymbol{i}+y\boldsymbol{j}+z\boldsymbol{k},$$

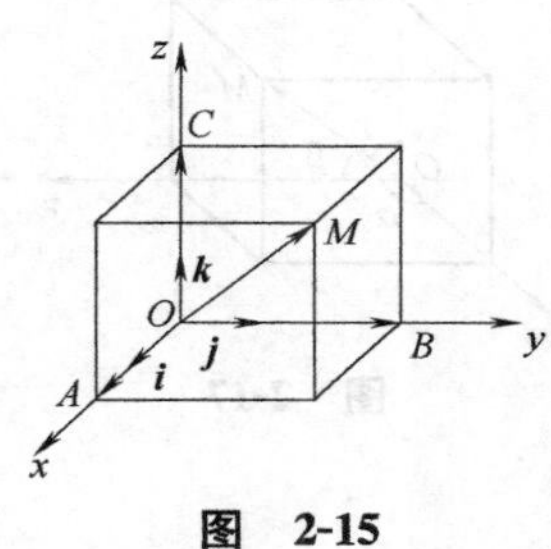

图　2-15

我们将此式称为向量 $\overrightarrow{OM}$ 的坐标表示式，它也可以简写为

$$\overrightarrow{OM}=\{x,y,z\},$$

其中 x,y,z 称为向量 $\overrightarrow{OM}$ 的坐标，它们也是向量 $\overrightarrow{OM}$ 在 x 轴、y 轴、z 轴上的投影.

利用向量的坐标表示式，可以将前面用几何方法定义的向量的

模及向量的线性运算化成向量的坐标之间的运算(其中用到向量加法及数乘向量的运算规律).

设 $\boldsymbol{a}=x_1\boldsymbol{i}+y_1\boldsymbol{j}+z_1\boldsymbol{k}$，$\boldsymbol{b}=x_2\boldsymbol{i}+y_2\boldsymbol{j}+z_2\boldsymbol{k}$，则有

$$\begin{aligned}\boldsymbol{a}\pm\boldsymbol{b}&=(x_1\boldsymbol{i}+y_1\boldsymbol{j}+z_1\boldsymbol{k})\pm(x_2\boldsymbol{i}+y_2\boldsymbol{j}+z_2\boldsymbol{k})\\&=(x_1\pm x_2)\boldsymbol{i}+(y_1\pm y_2)\boldsymbol{j}+(z_1\pm z_2)\boldsymbol{k},\end{aligned}$$

$$\lambda\boldsymbol{a}=\lambda(x_1\boldsymbol{i}+y_1\boldsymbol{j}+z_1\boldsymbol{k})=\lambda x_1\boldsymbol{i}+\lambda y_1\boldsymbol{j}+\lambda z_1\boldsymbol{k}.$$

当 $\overrightarrow{M_1M_2}$ 是起点为 $M_1(x_1,y_1,z_1)$，终点为 $M_2(x_2,y_2,z_2)$ 的向量时，如图 2-16 所示，由于

$$\overrightarrow{M_1M_2}=\overrightarrow{OM_2}-\overrightarrow{OM_1},$$
$$\overrightarrow{OM_1}=x_1\boldsymbol{i}+y_1\boldsymbol{j}+z_1\boldsymbol{k},$$
$$\overrightarrow{OM_2}=x_2\boldsymbol{i}+y_2\boldsymbol{j}+z_2\boldsymbol{k},$$

因此有

$$\overrightarrow{M_1M_2}=(x_2-x_1)\boldsymbol{i}+(y_2-y_1)\boldsymbol{j}+(z_2-z_1)\boldsymbol{k},$$

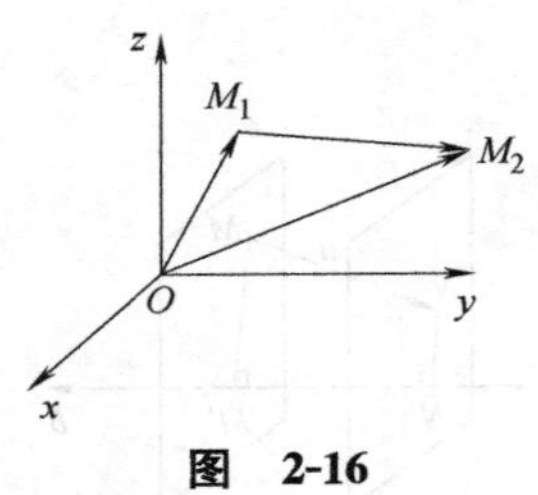

图　2-16

此式即为 $\overrightarrow{M_1M_2}$ 的坐标表示式，其中 x_2-x_1，y_2-y_1，z_2-z_1 为 $\overrightarrow{M_1M_2}$ 的坐标. 如果我们把向量 $\overrightarrow{M_1M_2}$ 平移，使其起点 M_1 移至原点时，则其终点 M_2 将被移到点 $(x_2-x_1,y_2-y_1,z_2-z_1)$.

利用向量的坐标，可以将 $\boldsymbol{a}/\!/\boldsymbol{b}$ 的充分必要条件 $\boldsymbol{b}=\lambda\boldsymbol{a}$ 表示为

$$x_2=\lambda x_1,y_2=\lambda y_1,z_2=\lambda z_1,$$

或

$$\frac{x_2}{x_1}=\frac{y_2}{y_1}=\frac{z_2}{z_1}.$$

在此式中，若某个分母(或分子)为零，则相应的分子(或分母)也应取为零. 例如，如果有 $z_2=0$，则意味着向量 $\boldsymbol{b}$ 的起点与终点的 z 坐标相同，因而向量 $\boldsymbol{b}$ 垂直于 z 轴，由于 $\boldsymbol{a}/\!/\boldsymbol{b}$，故 $\boldsymbol{a}$ 也垂直于 z 轴，所以相应的 z_1 应等于零.

六、向量的方向角与方向余弦

这里要讨论如何用向量的坐标表示向量的方向.

设向量 $\boldsymbol{a}$ 与三个坐标轴正方向的夹角分别为 α,β,γ(见图 2-17)，则 α,β,γ 称为向量 $\boldsymbol{a}$ 的方向角，而 $\cos\alpha,\cos\beta,\cos\gamma$ 称为向量 $\boldsymbol{a}$ 的方向余弦. 方向角或方向余弦唯一确定了向量的方向.

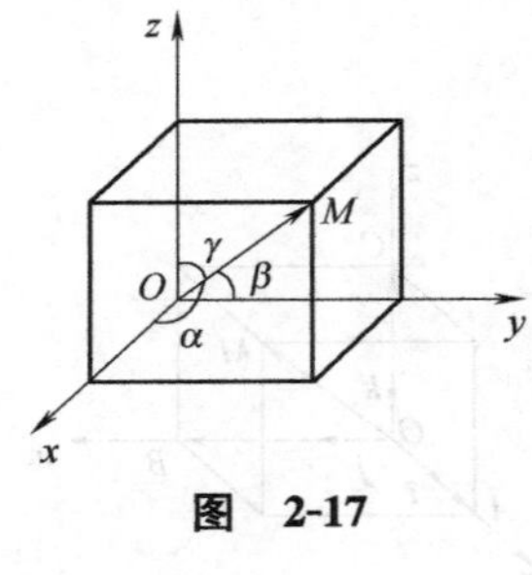

图　2-17

设向量 $\boldsymbol{a}$ 的起点为 $M_1(x_1,y_1,z_1)$，终点为 $M_2(x_2,y_2,z_2)$，则

$$\boldsymbol{a}=(x_2-x_1)\boldsymbol{i}+(y_2-y_1)\boldsymbol{j}+(z_2-z_1)\boldsymbol{k}\overset{\triangle}{=\!=}x\boldsymbol{i}+y\boldsymbol{j}+z\boldsymbol{k},$$

如将 $\boldsymbol{a}$ 的起点移至原点，则 $\boldsymbol{a}$ 的终点被移到 $M(x,y,z)$，于是 $\boldsymbol{a}=\overrightarrow{OM}$，故有

$$\cos\alpha=\frac{x}{|\boldsymbol{a}|}=\frac{x}{\sqrt{x^2+y^2+z^2}},$$

$$\cos\beta=\frac{y}{|\boldsymbol{a}|}=\frac{y}{\sqrt{x^2+y^2+z^2}},$$

$$\cos\gamma=\frac{z}{|\boldsymbol{a}|}=\frac{z}{\sqrt{x^2+y^2+z^2}}.$$

由以上三式,又可以得到

$$\cos^2\alpha+\cos^2\beta+\cos^2\gamma=1,$$

因而

$$\boldsymbol{a}^0=\{\cos\alpha,\cos\beta,\cos\gamma\}.$$

例 1 已知 $M_1(1,-2,3)$,$M_2(0,2,-1)$,求$\overrightarrow{M_1M_2}$的模及方向余弦.

解 $\overrightarrow{M_1M_2}=(0-1)\boldsymbol{i}+[2-(-2)]\boldsymbol{j}+(-1-3)\boldsymbol{k}$

$$=-\boldsymbol{i}+4\boldsymbol{j}-4\boldsymbol{k},$$

$$|\overrightarrow{M_1M_2}|=\sqrt{(-1)^2+4^2+(-4)^2}=\sqrt{33},$$

$$\cos\alpha=\frac{-1}{\sqrt{33}},\cos\beta=\frac{4}{\sqrt{33}},\cos\gamma=\frac{-4}{\sqrt{33}}.$$

例 2 已知向量 $\boldsymbol{a}$ 的模为 5,它与 x 轴、y 轴正方向的夹角都是 $60°$,与 z 轴正方向的夹角是钝角,求向量 $\boldsymbol{a}$.

解 $\boldsymbol{a}=|\boldsymbol{a}|\boldsymbol{a}^0=|\boldsymbol{a}|\{\cos\alpha,\cos\beta,\cos\gamma\}$,

由于

$$\alpha=\beta=60°,\cos\alpha=\cos\beta=\frac{1}{2},$$

得

$$\cos^2\gamma=1-\cos^2\alpha-\cos^2\beta=1-\left(\frac{1}{2}\right)^2-\left(\frac{1}{2}\right)^2=\frac{1}{2},$$

由于 γ 是钝角,故

$$\cos\gamma=-\frac{1}{\sqrt{2}},$$

$$\boldsymbol{a}=5\left\{\frac{1}{2},\frac{1}{2},-\frac{1}{\sqrt{2}}\right\}=\left\{\frac{5}{2},\frac{5}{2},-\frac{5\sqrt{2}}{2}\right\}.$$

习题 2-2

1. 已知向量 $\boldsymbol{a}$ 与 $\boldsymbol{b}$ 的夹角 $\theta=60°$,且 $|\boldsymbol{a}|=5$,$|\boldsymbol{b}|=8$,计算 $|\boldsymbol{a}+\boldsymbol{b}|$ 和 $|\boldsymbol{a}-\boldsymbol{b}|$.
2. 试用向量证明:如果平面上一个四边形的对角线互相平分,则它是平行四边形.
3. 设正六边形 $ABCDEF$(字母顺序按逆时针方向),设$\overrightarrow{AB}=\boldsymbol{a}$,$\overrightarrow{AE}=\boldsymbol{b}$,试用向量 $\boldsymbol{a}$,$\boldsymbol{b}$ 表示向量$\overrightarrow{AC}$,$\overrightarrow{AD}$,$\overrightarrow{AF}$和$\overrightarrow{CB}$.
4. 设向量$\overrightarrow{AB}=8\boldsymbol{i}+9\boldsymbol{j}-12\boldsymbol{k}$,其中 A 点的坐标为$(2,-1,7)$,求 B 点的坐标.
5. 求平行于向量 $\boldsymbol{a}=6\boldsymbol{i}+7\boldsymbol{j}-6\boldsymbol{k}$ 的单位向量.
6. 已知向量 $\boldsymbol{a}=\{1,-2,3\}$,$\boldsymbol{b}=\{-4,5,8\}$,$\boldsymbol{c}=\{-2,1,0\}$,求向量 $\boldsymbol{d}$,使 $\boldsymbol{a}+\boldsymbol{b}+\boldsymbol{c}+\boldsymbol{d}$ 是零向量.
7. 证明:三点 $A(1,0,-1)$,$B(3,4,5)$,$C(0,-2,-4)$共线.
8. 设向量 $\boldsymbol{m}=3\boldsymbol{i}+5\boldsymbol{j}+8\boldsymbol{k}$,$\boldsymbol{n}=2\boldsymbol{i}-4\boldsymbol{j}-7\boldsymbol{k}$,$\boldsymbol{p}=5\boldsymbol{i}+\boldsymbol{j}-4\boldsymbol{k}$,求向量 $\boldsymbol{a}=4\boldsymbol{m}+3\boldsymbol{n}-\boldsymbol{p}$ 在 x 轴上的投影.
9. 设点 $A(3,2,-1)$,$B(5,-4,7)$,$C(-1,1,2)$,求$\triangle ABC$ 上由点

C 向 AB 边所引中线的长度.

10. 设点 A,B,M 在一条直线上，$A(1,2,3)$，$B(-1,2,3)$，且 $AM:MB=-\frac{3}{2}$，求点 M 的坐标.
11. 设 $A(1,2,-3)$，$B(2,-3,5)$ 为平行四边形 $ABCD$ 相邻的两个顶点，而 $M(1,1,1)$ 为两条对角线的交点，求其余两个顶点的坐标.
12. 已知三角形的三个顶点分别为 $A(2,5,0)$，$B(11,3,8)$，$C(5,1,12)$，求其重心的坐标.
13. 已知点 $M(4,\sqrt{2},1)$，$N(3,0,2)$，计算向量$\overrightarrow{MN}$的模、方向余弦和方向角.
14. 设一向量与 x 轴和 y 轴的夹角相等，而与 z 轴的夹角是前者的两倍，求此向量的方向角.
15. 设向量 $\boldsymbol{a}$ 与单位向量 $\boldsymbol{j}$ 成 $60°$ 角，与单位向量 $\boldsymbol{k}$ 成 $120°$ 角，且 $|\boldsymbol{a}|=5\sqrt{2}$，求向量 $\boldsymbol{a}$.
16. 向量 $\boldsymbol{a}$ 平行于两向量 $\boldsymbol{b}=\{7,-4,-4\}$ 和 $\boldsymbol{c}=\{-2,-1,2\}$ 夹角的平分线，且 $|\boldsymbol{a}|=5\sqrt{6}$，求向量 $\boldsymbol{a}$.

第三节 向量的乘积

一、向量的数量积

1. 数量积的概念

在物理学中我们知道，当质点在力 $\boldsymbol{F}$ 的作用下沿某一直线由 A 移动到 B 时，如图 2-18 所示，如果记$\overrightarrow{AB}=\boldsymbol{s}$，则力 $\boldsymbol{F}$ 做的功为

$$W=|\boldsymbol{F}||\boldsymbol{s}|\cos\langle\boldsymbol{F},\boldsymbol{s}\rangle, \tag{1}$$

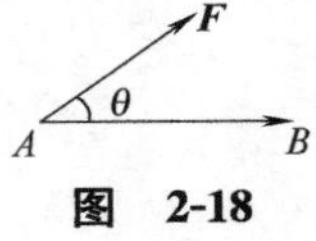

图 2-18

其中$\langle\boldsymbol{F},\boldsymbol{s}\rangle$为向量 $\boldsymbol{F}$ 与 $\boldsymbol{s}$ 的夹角. 两个向量之间的这种运算有时会在其他问题中遇到，为了更方便地讨论这种运算，给出如下定义.

定义 1 **设 $\boldsymbol{a}$ 和 $\boldsymbol{b}$ 为两向量，则 $|\boldsymbol{a}||\boldsymbol{b}|\cos\langle\boldsymbol{a},\boldsymbol{b}\rangle$ 叫作 $\boldsymbol{a}$ 与 $\boldsymbol{b}$ 的数量积，记作 $\boldsymbol{a}\cdot\boldsymbol{b}$，即 $\boldsymbol{a}\cdot\boldsymbol{b}=|\boldsymbol{a}||\boldsymbol{b}|\cos\langle\boldsymbol{a},\boldsymbol{b}\rangle$，其中$\langle\boldsymbol{a},\boldsymbol{b}\rangle$是 $\boldsymbol{a}$ 与 $\boldsymbol{b}$ 的夹角.**

根据向量的投影定理，可以得到向量的数量积与向量的投影有如下关系：

$$\boldsymbol{a}\cdot\boldsymbol{b}=|\boldsymbol{b}|(\boldsymbol{a})_{\boldsymbol{b}}=|\boldsymbol{a}|(\boldsymbol{b})_{\boldsymbol{a}},$$

$$(\boldsymbol{a})_{\boldsymbol{b}}=\frac{\boldsymbol{a}\cdot\boldsymbol{b}}{|\boldsymbol{b}|},\ (\boldsymbol{b})_{\boldsymbol{a}}=\frac{\boldsymbol{a}\cdot\boldsymbol{b}}{|\boldsymbol{a}|}.$$

由数量积的定义可知，式(1)中的功可以表示成

$$W=\boldsymbol{F}\cdot\boldsymbol{s}.$$

数量积有如下运算规律.

(1) 交换律 $\boldsymbol{a}\cdot\boldsymbol{b}=\boldsymbol{b}\cdot\boldsymbol{a}$;

(2) 结合律　$\lambda(\boldsymbol{a}\cdot\boldsymbol{b})=(\lambda\boldsymbol{a})\cdot\boldsymbol{b}=\boldsymbol{a}\cdot(\lambda\boldsymbol{b})$　(λ 是数)；

(3) 分配律　$(\boldsymbol{a}+\boldsymbol{b})\cdot\boldsymbol{c}=\boldsymbol{a}\cdot\boldsymbol{c}+\boldsymbol{b}\cdot\boldsymbol{c}$.

证　(1) 根据数量积的定义,交换律显然成立；

(2) 如图 2-19 所示,当 $\lambda>0$ 时,$\cos\langle\lambda\boldsymbol{a},\boldsymbol{b}\rangle=\cos\langle\boldsymbol{a},\boldsymbol{b}\rangle$,当 $\lambda<0$ 时,$\cos\langle\lambda\boldsymbol{a},\boldsymbol{b}\rangle=-\cos\langle\boldsymbol{a},\boldsymbol{b}\rangle$,因此有

$$\begin{aligned}(\lambda\boldsymbol{a})\cdot\boldsymbol{b}&=|\lambda\boldsymbol{a}||\boldsymbol{b}|\cos\langle\lambda\boldsymbol{a},\boldsymbol{b}\rangle=|\lambda||\boldsymbol{a}||\boldsymbol{b}|\cos\langle\lambda\boldsymbol{a},\boldsymbol{b}\rangle\\&=\pm\lambda|\boldsymbol{a}||\boldsymbol{b}|(\pm\cos\langle\boldsymbol{a},\boldsymbol{b}\rangle)=\lambda|\boldsymbol{a}||\boldsymbol{b}|\cos\langle\boldsymbol{a},\boldsymbol{b}\rangle\\&=\lambda(\boldsymbol{a},\boldsymbol{b}),\end{aligned}$$

用同样方法可证明　$\lambda\langle\boldsymbol{a},\boldsymbol{b}\rangle=\boldsymbol{a}\cdot(\lambda\boldsymbol{b})$；

(3) 根据向量的数量积与向量的投影的关系及投影定理,有

$$\begin{aligned}(\boldsymbol{a}+\boldsymbol{b})\cdot\boldsymbol{c}&=|\boldsymbol{c}|(\boldsymbol{a}+\boldsymbol{b})_c\\&=|\boldsymbol{c}|(\boldsymbol{a})_c+|\boldsymbol{c}|(\boldsymbol{b})_c=\boldsymbol{a}\cdot\boldsymbol{c}+\boldsymbol{b}\cdot\boldsymbol{c}.\end{aligned}$$

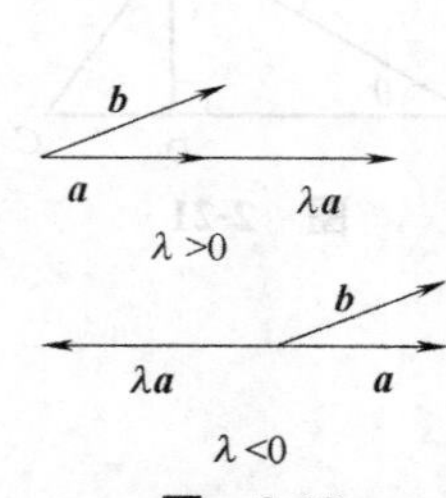

图　2-19

例 1　试用向量证明三角形的余弦定理.

证　如图 2-20 所示,有 $\boldsymbol{c}=\boldsymbol{a}+\boldsymbol{b}$,

因此
$$\begin{aligned}|\boldsymbol{c}|^2&=\boldsymbol{c}\cdot\boldsymbol{c}=(\boldsymbol{a}+\boldsymbol{b})\cdot(\boldsymbol{a}+\boldsymbol{b})\\&=\boldsymbol{a}\cdot\boldsymbol{a}+\boldsymbol{b}\cdot\boldsymbol{b}+2\boldsymbol{a}\cdot\boldsymbol{b}\\&=|\boldsymbol{a}|^2+|\boldsymbol{b}|^2+2|\boldsymbol{a}||\boldsymbol{b}|\cos(\pi-\theta)\\&=|\boldsymbol{a}|^2+|\boldsymbol{b}|^2-2|\boldsymbol{a}||\boldsymbol{b}|\cos\theta,\end{aligned}$$

这就证明了余弦定理.

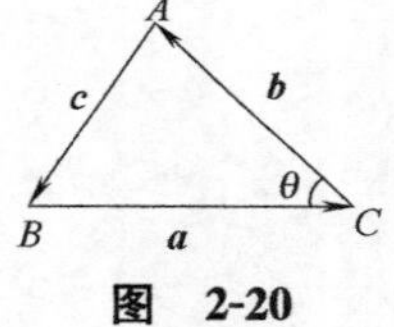

图　2-20

2. 数量积的坐标表示式

设向量

$$\boldsymbol{a}=x_1\boldsymbol{i}+y_1\boldsymbol{j}+z_1\boldsymbol{k},\boldsymbol{b}=x_2\boldsymbol{i}+y_2\boldsymbol{j}+z_2\boldsymbol{k},$$

由数量积的运算规律,有

$$\begin{aligned}\boldsymbol{a}\cdot\boldsymbol{b}&=(x_1\boldsymbol{i}+y_1\boldsymbol{j}+z_1\boldsymbol{k})\cdot(x_2\boldsymbol{i}+y_2\boldsymbol{j}+z_2\boldsymbol{k})\\&=x_1x_2(\boldsymbol{i}\cdot\boldsymbol{i})+x_1y_2(\boldsymbol{i}\cdot\boldsymbol{j})+x_1z_2(\boldsymbol{i}\cdot\boldsymbol{k})+y_1x_2(\boldsymbol{j}\cdot\boldsymbol{i})+\\&\quad y_1y_2(\boldsymbol{j}\cdot\boldsymbol{j})+y_1z_2(\boldsymbol{j}\cdot\boldsymbol{k})+z_1x_2(\boldsymbol{k}\cdot\boldsymbol{i})+z_1y_2(\boldsymbol{k}\cdot\boldsymbol{j})+\\&\quad z_1z_2(\boldsymbol{k}\cdot\boldsymbol{k}),\end{aligned}$$

根据数量积的定义,有

$$\boldsymbol{i}\cdot\boldsymbol{i}=\boldsymbol{j}\cdot\boldsymbol{j}=\boldsymbol{k}\cdot\boldsymbol{k}=1,$$
$$\boldsymbol{i}\cdot\boldsymbol{j}=\boldsymbol{j}\cdot\boldsymbol{i}=\boldsymbol{i}\cdot\boldsymbol{k}=\boldsymbol{k}\cdot\boldsymbol{i}=\boldsymbol{j}\cdot\boldsymbol{k}=\boldsymbol{k}\cdot\boldsymbol{j}=0,$$

因此得

$$\boxed{\boldsymbol{a}\cdot\boldsymbol{b}=x_1x_2+y_1y_2+z_1z_2.}$$

此式称为数量积的坐标表示式.由此式可以得到

$$\boxed{\cos\langle\boldsymbol{a},\boldsymbol{b}\rangle=\frac{\boldsymbol{a}\cdot\boldsymbol{b}}{|\boldsymbol{a}||\boldsymbol{b}|}=\frac{x_1x_2+y_1y_2+z_1z_2}{\sqrt{x_1^2+y_1^2+z_1^2}\sqrt{x_2^2+y_2^2+z_2^2}}.}$$

还可以得到

$$\boldsymbol{a}\perp\boldsymbol{b}\Leftrightarrow\boldsymbol{a}\cdot\boldsymbol{b}=0\Leftrightarrow x_1x_2+y_1y_2+z_1z_2=0.$$

其中⇔表示充分必要条件.

例 2　已知△ABC 的三个顶点为 $A(2,1,3)$,$B(1,2,1)$,

$C(3,1,0)$,求 BC 边上的高 AD 的长.

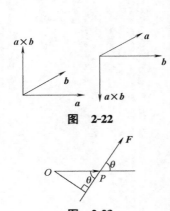

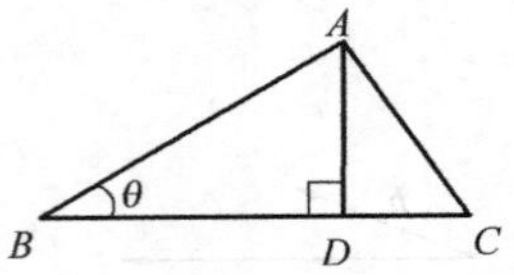

解　如图 2-21 所示,$\overrightarrow{BA}=\boldsymbol{i}-\boldsymbol{j}+2\boldsymbol{k}$,$\overrightarrow{BC}=2\boldsymbol{i}-\boldsymbol{j}-\boldsymbol{k}$,

$$\cos\theta=\frac{\overrightarrow{BA}\cdot\overrightarrow{BC}}{|\overrightarrow{BA}|\cdot|\overrightarrow{BC}|}$$

$$=\frac{1\times2+(-1)\times(-1)+2\times(-1)}{\sqrt{1^2+(-1)^2+2^2}\sqrt{2^2+(-1)^2+(-1)^2}}=\frac{1}{6},$$

$$AD=|\overrightarrow{BA}|\sin\theta=\sqrt{6}\sqrt{1-\left(\frac{1}{6}\right)^2}=\sqrt{\frac{35}{6}}.$$

图　2-21

例 3　设 $\boldsymbol{c}=2\boldsymbol{a}+3\boldsymbol{b}$,$\boldsymbol{d}=\boldsymbol{a}-\boldsymbol{b}$,其中 $|\boldsymbol{a}|=1$,$|\boldsymbol{b}|=2$,$\langle\boldsymbol{a},\boldsymbol{b}\rangle=\frac{\pi}{3}$,求 $\cos\langle\boldsymbol{c},\boldsymbol{d}\rangle$.

解
$$\cos\langle\boldsymbol{c},\boldsymbol{d}\rangle=\frac{\boldsymbol{c}\cdot\boldsymbol{d}}{|\boldsymbol{c}||\boldsymbol{d}|},$$

$$\begin{aligned}\boldsymbol{c}\cdot\boldsymbol{d}&=(2\boldsymbol{a}+3\boldsymbol{b})\cdot(\boldsymbol{a}-\boldsymbol{b})=2\boldsymbol{a}\cdot\boldsymbol{a}+\boldsymbol{a}\cdot\boldsymbol{b}-3\boldsymbol{b}\cdot\boldsymbol{b}\\&=2|\boldsymbol{a}|^2+|\boldsymbol{a}||\boldsymbol{b}|\cos\langle\boldsymbol{a},\boldsymbol{b}\rangle-3|\boldsymbol{b}|^2=2+2\cos\frac{\pi}{3}-3\times2^2\\&=-9,\end{aligned}$$

$$\begin{aligned}|\boldsymbol{c}|^2&=\boldsymbol{c}\cdot\boldsymbol{c}=(2\boldsymbol{a}+3\boldsymbol{b})\cdot(2\boldsymbol{a}+3\boldsymbol{b})\\&=4\boldsymbol{a}\cdot\boldsymbol{a}+12\boldsymbol{a}\cdot\boldsymbol{b}+9\boldsymbol{b}\cdot\boldsymbol{b}=52,\end{aligned}$$

$$|\boldsymbol{d}|^2=(\boldsymbol{a}-\boldsymbol{b})\cdot(\boldsymbol{a}-\boldsymbol{b})=\boldsymbol{a}\cdot\boldsymbol{a}-2\boldsymbol{a}\cdot\boldsymbol{b}+\boldsymbol{b}\cdot\boldsymbol{b}=3,$$

故
$$|\boldsymbol{c}|=\sqrt{52},|\boldsymbol{d}|=\sqrt{3},$$

$$\cos\langle\boldsymbol{c},\boldsymbol{d}\rangle=\frac{-9}{\sqrt{52}\sqrt{3}}=-\frac{3\sqrt{39}}{26}.$$

二、向量的向量积

1. 向量积的概念

定义 2　**两向量 $\boldsymbol{a}$ 与 $\boldsymbol{b}$ 的向量积是一个向量,记作 $\boldsymbol{a}\times\boldsymbol{b}$,它的模为 $|\boldsymbol{a}\times\boldsymbol{b}|=|\boldsymbol{a}||\boldsymbol{b}|\sin\langle\boldsymbol{a},\boldsymbol{b}\rangle$,它的方向是这样规定的:$\boldsymbol{a}\times\boldsymbol{b}$ 同时垂直于 $\boldsymbol{a}$ 与 $\boldsymbol{b}$,且 $\boldsymbol{a},\boldsymbol{b},\boldsymbol{a}\times\boldsymbol{b}$ 成右手系(见图 2-22).**

与数量积一样,向量积也有它的物理学背景.我们可以从下面几个例子中看到这点.

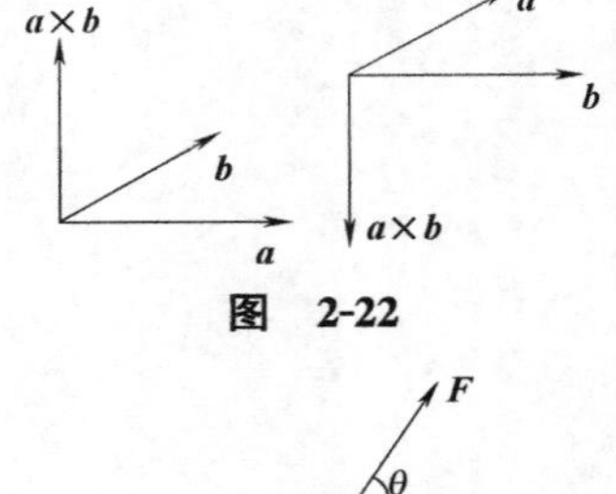

图　2-22

图　2-23

例 4　在分析由力产生的力矩时,如图 2-23 所示,设 $\boldsymbol{F}$ 为力,则力 $\boldsymbol{F}$ 对点 O 的力矩为

$$\boldsymbol{M}=\overrightarrow{OP}\times\boldsymbol{F},$$

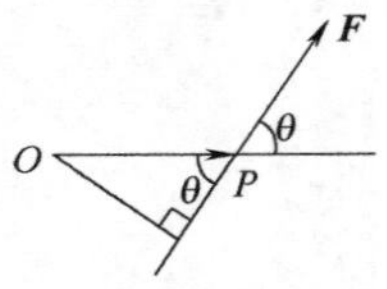

即力矩是一个向量,它的模为

$$|\boldsymbol{M}|=|\overrightarrow{OP}||\boldsymbol{F}|\sin\theta=|\boldsymbol{F}|(|\overrightarrow{OP}|\sin\theta),$$

即等于力 $\boldsymbol{F}$ 的大小乘以点 O 到力 $\boldsymbol{F}$ 的距离,而力矩的方向与 $\overrightarrow{OP}$ 和 $\boldsymbol{F}$ 都垂直.

例 5　设刚体以等角速率 ω 绕 l 轴旋转,如图 2-24 所示,设刚体上点 M 的线速度为 $\boldsymbol{v}$,角速度为 $\boldsymbol{\omega}$,$\boldsymbol{r}$ 为点 M 的向径,则有

$$|\boldsymbol{v}|=|\boldsymbol{\omega}||\overrightarrow{NM}|,$$

由物理学知识可知，$\boldsymbol{\omega}$ 的方向如图 2-24 所示，故有

$$|\overrightarrow{NM}|=|\boldsymbol{r}|\sin\theta=|\boldsymbol{r}|\sin\langle\boldsymbol{\omega},\boldsymbol{r}\rangle,$$

所以 $$|\boldsymbol{v}|=|\boldsymbol{\omega}||\boldsymbol{r}|\sin\langle\boldsymbol{\omega},\boldsymbol{r}\rangle=|\boldsymbol{\omega}\times\boldsymbol{r}|,$$

又 $\boldsymbol{v}$ 垂直于 $\boldsymbol{\omega}$ 和 $\boldsymbol{r}$，因此

$$\boldsymbol{v}=\boldsymbol{\omega}\times\boldsymbol{r}.$$

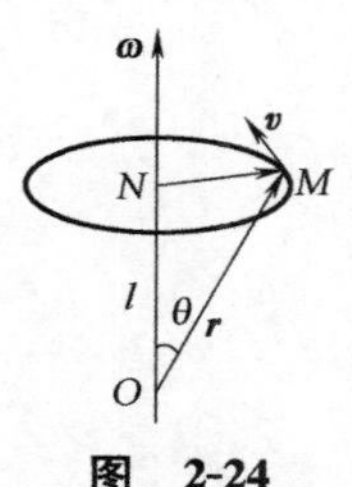

图　2-24

下面让我们来考察一下向量积的模的几何意义.

设向量 $\boldsymbol{a}$ 与 $\boldsymbol{b}$，如图 2-25 所示，以它们为邻边作一平行四边形，根据向量积的定义，有

$$|\boldsymbol{a}\times\boldsymbol{b}|=|\boldsymbol{a}||\boldsymbol{b}|\sin\theta=|\boldsymbol{a}|h,$$

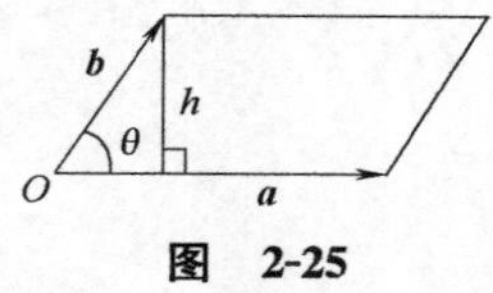

图　2-25

因此 $\boldsymbol{a}$ 与 $\boldsymbol{b}$ 的向量积的模等于以 $\boldsymbol{a}$ 和 $\boldsymbol{b}$ 为邻边的平行四边形的面积.

由向量积的定义，我们还可以得到，如果 $\boldsymbol{a}$ 与 $\boldsymbol{b}$ 都是非零向量，则

$$\boldsymbol{a}/\!/\boldsymbol{b}\Leftrightarrow\boldsymbol{a}\times\boldsymbol{b}=\boldsymbol{0}.$$

向量积有下列运算规律.

(1) 反交换律　$\boldsymbol{a}\times\boldsymbol{b}=-\boldsymbol{b}\times\boldsymbol{a}$；

(2) 结合律　$\lambda(\boldsymbol{a}\times\boldsymbol{b})=(\lambda\boldsymbol{a})\times\boldsymbol{b}=\boldsymbol{a}\times(\lambda\boldsymbol{b})$　（λ 为数）；

(3) 分配律　$(\boldsymbol{a}+\boldsymbol{b})\times\boldsymbol{c}=\boldsymbol{a}\times\boldsymbol{c}+\boldsymbol{b}\times\boldsymbol{c}$，
$\boldsymbol{c}\times(\boldsymbol{a}+\boldsymbol{b})=\boldsymbol{c}\times\boldsymbol{a}+\boldsymbol{c}\times\boldsymbol{b}$.

2. 向量积的坐标表示

设向量

$$\boldsymbol{a}=x_1\boldsymbol{i}+y_1\boldsymbol{j}+z_1\boldsymbol{k},\ \boldsymbol{b}=x_2\boldsymbol{i}+y_2\boldsymbol{j}+z_2\boldsymbol{k},$$

由向量积的运算规律，得

$$\begin{aligned}\boldsymbol{a}\times\boldsymbol{b}&=(x_1\boldsymbol{i}+y_1\boldsymbol{j}+z_1\boldsymbol{k})\times(x_2\boldsymbol{i}+y_2\boldsymbol{j}+z_2\boldsymbol{k})\\&=x_1x_2(\boldsymbol{i}\times\boldsymbol{i})+x_1y_2(\boldsymbol{i}\times\boldsymbol{j})+x_1z_2(\boldsymbol{i}\times\boldsymbol{k})+y_1x_2(\boldsymbol{j}\times\boldsymbol{i})+\\&\quad y_1y_2(\boldsymbol{j}\times\boldsymbol{j})+y_1z_2(\boldsymbol{j}\times\boldsymbol{k})+z_1x_2(\boldsymbol{k}\times\boldsymbol{i})+z_1y_2(\boldsymbol{k}\times\boldsymbol{j})+\\&\quad z_1z_2(\boldsymbol{k}\times\boldsymbol{k}),\end{aligned}$$

根据向量积的定义，有

$$\boldsymbol{i}\times\boldsymbol{i}=\boldsymbol{0},\ \boldsymbol{j}\times\boldsymbol{j}=\boldsymbol{0},\ \boldsymbol{k}\times\boldsymbol{k}=\boldsymbol{0},$$
$$\boldsymbol{i}\times\boldsymbol{j}=\boldsymbol{k},\ \boldsymbol{j}\times\boldsymbol{k}=\boldsymbol{i},\ \boldsymbol{k}\times\boldsymbol{i}=\boldsymbol{j},$$

因此得

$$\begin{aligned}\boldsymbol{a}\times\boldsymbol{b}&=(y_1z_2-y_2z_1)\boldsymbol{i}+(z_1x_2-z_2x_1)\boldsymbol{j}+(x_1y_2-x_2y_1)\boldsymbol{k}\\&=\begin{vmatrix}y_1&z_1\\y_2&z_2\end{vmatrix}\boldsymbol{i}-\begin{vmatrix}x_1&z_1\\x_2&z_2\end{vmatrix}\boldsymbol{j}+\begin{vmatrix}x_1&y_1\\x_2&y_2\end{vmatrix}\boldsymbol{k},\end{aligned}$$

为方便记忆，可将此式写成三阶行列式的形式

$$\boxed{\boldsymbol{a}\times\boldsymbol{b}=\begin{vmatrix}\boldsymbol{i}&\boldsymbol{j}&\boldsymbol{k}\\x_1&y_1&z_1\\x_2&y_2&z_2\end{vmatrix}}.$$

此式为向量积的坐标表示式.

例 6　已知 $\boldsymbol{a}=3\boldsymbol{i}+2\boldsymbol{j}-5\boldsymbol{k},\boldsymbol{b}=-2\boldsymbol{i}-\boldsymbol{j}+4\boldsymbol{k}$，求垂直于 $\boldsymbol{a}$ 与 $\boldsymbol{b}$ 的单位向量.

解　与 $\boldsymbol{a}$ 和 $\boldsymbol{b}$ 垂直的单位向量有两个，为 $\pm\dfrac{\boldsymbol{a}\times\boldsymbol{b}}{|\boldsymbol{a}\times\boldsymbol{b}|}$，

$$\boldsymbol{a}\times\boldsymbol{b}=\begin{vmatrix}\boldsymbol{i} & \boldsymbol{j} & \boldsymbol{k}\\ 3 & 2 & -5\\ -2 & 1 & 4\end{vmatrix}=3\boldsymbol{i}-2\boldsymbol{j}+\boldsymbol{k},$$

$$|\boldsymbol{a}\times\boldsymbol{b}|=\sqrt{3^2+(-2)^2+1^2}=\sqrt{14},$$

故所求向量为

$$\pm\frac{\boldsymbol{a}\times\boldsymbol{b}}{|\boldsymbol{a}\times\boldsymbol{b}|}=\pm\left(\frac{3}{\sqrt{14}}\boldsymbol{i}-\frac{2}{\sqrt{14}}\boldsymbol{j}+\frac{1}{\sqrt{14}}\boldsymbol{k}\right).$$

例 7　已知 $\triangle ABC$ 的三顶点为 $A(1,1,0),B(1,-1,2),C(2,3,1)$，求 $\triangle ABC$ 的面积.

解　$\overrightarrow{AB}=-2\boldsymbol{j}+2\boldsymbol{k},\overrightarrow{AC}=\boldsymbol{i}+2\boldsymbol{j}+\boldsymbol{k}$，

$$\overrightarrow{AB}\times\overrightarrow{AC}=\begin{vmatrix}\boldsymbol{i} & \boldsymbol{j} & \boldsymbol{k}\\ 0 & -2 & 2\\ 1 & 2 & 1\end{vmatrix}=-6\boldsymbol{i}+2\boldsymbol{j}+2\boldsymbol{k},$$

$$A_{\triangle ABC}=\frac{1}{2}|\overrightarrow{AB}\times\overrightarrow{AC}|=\frac{1}{2}\sqrt{(-6)^2+2^2+2^2}=\sqrt{11}.$$

三、向量的混合积

设三向量 $\boldsymbol{a},\boldsymbol{b},\boldsymbol{c}$，则 $(\boldsymbol{a}\times\boldsymbol{b})\cdot\boldsymbol{c}$ 叫作三向量的混合积，记作 $(\boldsymbol{a},\boldsymbol{b},\boldsymbol{c})$，即 $(\boldsymbol{a},\boldsymbol{b},\boldsymbol{c})=(\boldsymbol{a}\times\boldsymbol{b})\cdot\boldsymbol{c}$.

设向量 $\boldsymbol{a}=x_1\boldsymbol{i}+y_1\boldsymbol{j}+z_1\boldsymbol{k},\boldsymbol{b}=x_2\boldsymbol{i}+y_2\boldsymbol{j}+z_2\boldsymbol{k}$，

$$\boldsymbol{c}=x_3\boldsymbol{i}+y_3\boldsymbol{j}+z_3\boldsymbol{k},$$

由于

$$\boldsymbol{a}\times\boldsymbol{b}=(y_1z_2-y_2z_1)\boldsymbol{i}+(z_1x_2-z_2x_1)\boldsymbol{j}+(x_1y_2-x_2y_1)\boldsymbol{k},$$

故有

$$(\boldsymbol{a}\times\boldsymbol{b})\cdot\boldsymbol{c}=(y_1z_2-y_2z_1)x_3+(z_1x_2-z_2x_1)y_3+(x_1y_2-x_2y_1)z_3,$$

此式也可以用三阶行列式表示成

$$\boxed{(\boldsymbol{a},\boldsymbol{b},\boldsymbol{c})=\begin{vmatrix}x_1 & y_1 & z_1\\ x_2 & y_2 & z_2\\ x_3 & y_3 & z_3\end{vmatrix}.}$$

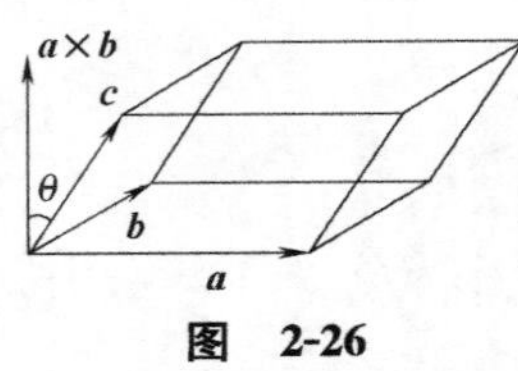

图　2-26

上式称为混合积的坐标表示式.

让我们来看看混合积的绝对值在几何上的意义.

设向量 $\boldsymbol{a},\boldsymbol{b},\boldsymbol{c}$，如图 2-26 所示，以此三向量为棱作一平行六面体，则根据混合积及数量积的定义，有

$$|(\boldsymbol{a},\boldsymbol{b},\boldsymbol{c})|=|(\boldsymbol{a}\times\boldsymbol{b})\cdot\boldsymbol{c}|=|\boldsymbol{a}\times\boldsymbol{b}||\boldsymbol{c}||\cos\theta|,$$

因为$|\boldsymbol{a}\times\boldsymbol{b}|$为平行六面体的底面积，而$|\boldsymbol{c}||\cos\theta|$为平行六面体的高，故混合积$(\boldsymbol{a}\times\boldsymbol{b})\cdot\boldsymbol{c}$的绝对值等于以向量$\boldsymbol{a},\boldsymbol{b},\boldsymbol{c}$为棱的平行六面体的体积，即有

$$\boxed{V=|(\boldsymbol{a},\boldsymbol{b},\boldsymbol{c})|=\left\|\begin{matrix}x_1 & y_1 & z_1\\ x_2 & y_2 & z_2\\ x_3 & y_3 & z_3\end{matrix}\right\|.}$$

由混合积的几何意义可以得出：

$$\text{三向量}\ \boldsymbol{a},\boldsymbol{b},\boldsymbol{c}\ \text{共面}\Leftrightarrow(\boldsymbol{a},\boldsymbol{b},\boldsymbol{c})=0\Leftrightarrow\begin{vmatrix}x_1 & y_1 & z_1\\ x_2 & y_2 & z_2\\ x_3 & y_3 & z_3\end{vmatrix}=0.$$

根据混合积的坐标表示式及行列式的性质可以得出混合积有如下性质：

$$\begin{aligned}(\boldsymbol{a},\boldsymbol{b},\boldsymbol{c})&=(\boldsymbol{b},\boldsymbol{c},\boldsymbol{a})=(\boldsymbol{c},\boldsymbol{a},\boldsymbol{b})\\&=-(\boldsymbol{b},\boldsymbol{a},\boldsymbol{c})=-(\boldsymbol{c},\boldsymbol{b},\boldsymbol{a})=-(\boldsymbol{a},\boldsymbol{c},\boldsymbol{b}),\end{aligned}$$

即轮换混合积中三向量的顺序，其值不变，交换混合积中两个相邻的向量，所得混合积要改变符号.

例 8 已知空间四点$A(1,0,1)$，$B(4,4,6)$，$C(2,2,3)$，$D(1,2,0)$，求以该四点为顶点的四面体的体积.

解 所求四面体的体积等于以$\overrightarrow{AB},\overrightarrow{AC},\overrightarrow{AD}$为棱的平行六面体体积的$\dfrac{1}{6}$，

$$\overrightarrow{AB}=3\boldsymbol{i}+4\boldsymbol{j}+5\boldsymbol{k},\overrightarrow{AC}=\boldsymbol{i}+2\boldsymbol{j}+2\boldsymbol{k},\overrightarrow{AD}=2\boldsymbol{j}-\boldsymbol{k},$$

$$V=\frac{1}{6}|(\overrightarrow{AB},\overrightarrow{AC},\overrightarrow{AD})|=\frac{1}{6}\left\|\begin{matrix}3 & 4 & 5\\ 1 & 2 & 2\\ 0 & 2 & -1\end{matrix}\right\|=\frac{2}{3}.$$

习题 2-3

1. 已知$\boldsymbol{a}=\boldsymbol{i}+\boldsymbol{j}-4\boldsymbol{k}$，$\boldsymbol{b}=\boldsymbol{i}-2\boldsymbol{j}+2\boldsymbol{k}$，计算：(1) $\boldsymbol{a}\cdot\boldsymbol{b}$；(2) $\langle\boldsymbol{a},\boldsymbol{b}\rangle$；(3) $(\boldsymbol{b})_{\boldsymbol{a}}$.
2. 在边长为 1 的立方体中，设OM为对角线，OA为棱，求$(\overrightarrow{OA})_{\overrightarrow{OM}}$.
3. 将质量为 100kg 的物体从点$M(3,1,8)$沿直线移动到点$N(1,4,2)$（坐标的单位为 m），计算重力所做的功.
4. 设$|\boldsymbol{a}|=5$，$|\boldsymbol{b}|=2$，$\langle\boldsymbol{a},\boldsymbol{b}\rangle=\dfrac{\pi}{3}$，求$|2\boldsymbol{a}-3\boldsymbol{b}|$.
5. 已知四边形的顶点为$A(2,-3,1)$，$B(1,4,0)$，$C(-4,1,1)$和$D(-5,-5,3)$，证明它的两条对角线AC和BD互相垂直.
6. 已知向量$\boldsymbol{a}=3\boldsymbol{i}-\boldsymbol{j}+5\boldsymbol{k}$，$\boldsymbol{b}=\boldsymbol{i}+2\boldsymbol{j}-3\boldsymbol{k}$，求向量$\boldsymbol{p}$，使$\boldsymbol{p}$与$z$轴垂直，且$\boldsymbol{a}\cdot\boldsymbol{p}=9$，$\boldsymbol{b}\cdot\boldsymbol{p}=4$.
7. 设$\boldsymbol{a}=3\boldsymbol{i}+5\boldsymbol{j}-2\boldsymbol{k}$，$\boldsymbol{b}=2\boldsymbol{i}+\boldsymbol{j}+4\boldsymbol{k}$，试求$\lambda$的值，使得：

(1) $\lambda\boldsymbol{a}+\boldsymbol{b}$ 与 z 轴垂直；

(2) $\lambda\boldsymbol{a}+\boldsymbol{b}$ 与 $\boldsymbol{a}$ 垂直，并证明此时 $|\lambda\boldsymbol{a}+\boldsymbol{b}|$ 取最小值.

8. 设 $\boldsymbol{a}=3\boldsymbol{i}+2\boldsymbol{j}-\boldsymbol{k}, \boldsymbol{b}=\boldsymbol{i}-\boldsymbol{j}+2\boldsymbol{k}$，求：

(1) $\boldsymbol{a}\times\boldsymbol{b}$；(2) $2\boldsymbol{a}\times 7\boldsymbol{b}$；(3) $\boldsymbol{i}\times\boldsymbol{a}$.

9. 设 $|\boldsymbol{a}|=|\boldsymbol{b}|=5, \langle\boldsymbol{a},\boldsymbol{b}\rangle=\frac{\pi}{4}$，计算以向量 $\boldsymbol{a}-2\boldsymbol{b}$ 和 $3\boldsymbol{a}+2\boldsymbol{b}$ 为边的三角形的面积.

10. 求与 $\boldsymbol{a}=2\boldsymbol{i}-\boldsymbol{j}+\boldsymbol{k}$ 及 $\boldsymbol{b}=\boldsymbol{i}+2\boldsymbol{j}-\boldsymbol{k}$ 都垂直的单位向量.

11. 已知 $A(1,2,0), B(3,0,-3), C(5,2,6)$，计算 $\triangle ABC$ 的面积.

12. 问 λ 为何值时，四点 $(0,-1,-1),(3,0,4),(-2,-2,2)$ 和 $(4,1,\lambda)$ 在一个平面上？

13. 求以四点 $O(0,0,0), A(2,3,1), B(1,2,2), C(3,-1,4)$ 为顶点的四面体的体积.

14. 已知向量 $\boldsymbol{a},\boldsymbol{b},\boldsymbol{c}$ 不共面，证明 $2\boldsymbol{a}+3\boldsymbol{b}, 3\boldsymbol{b}-5\boldsymbol{c}, 2\boldsymbol{a}+5\boldsymbol{c}$ 共面.

15. 应用向量证明不等式

$$\sqrt{a_1^2+a_2^2+a_3^2}\sqrt{b_1^2+b_2^2+b_3^2}\geqslant|a_1b_1+a_2b_2+a_3b_3|,$$

其中 a_1,a_2,a_3,b_1,b_2,b_3 为任意实数，并指出式中等式成立的条件.

16. 证明：以平面上三点 $A(x_1,y_1), B(x_2,y_2), C(x_3,y_3)$ 为顶点的三角形面积等于

$$\left|\frac{1}{2}\begin{vmatrix} x_1 & y_1 & 1 \\ x_2 & y_2 & 1 \\ x_3 & y_3 & 1 \end{vmatrix}\right|,$$

并计算顶点为 $A(0,0), B(3,1), C(1,3)$ 的三角形面积.

第四节　平面的方程

本节将利用向量代数的知识讨论平面的方程.

一、平面的方程

1. 平面的点法式方程

如果给定空间中一个点 $M_0(x_0,y_0,z_0)$ 和一个非零向量 $\boldsymbol{n}=\{A,B,C\}$，则唯一存在一个平面（记作 π）经过点 M_0 且与向量 $\boldsymbol{n}$ 垂直，我们将 $\boldsymbol{n}$ 称为平面 π 的法向量. 下面就来求平面 π 的方程.

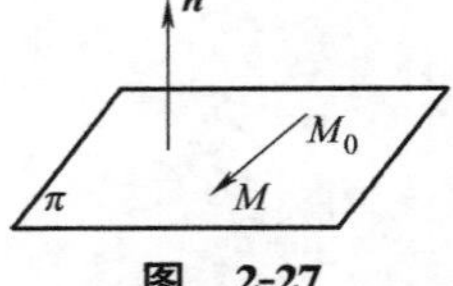

图　2-27

如图 2-27 所示，设 $M(x,y,z)$ 是空间中任意一点，则点 M 在平面 π 上的充分必要条件是

$$\overrightarrow{M_0M}\perp\boldsymbol{n},$$

故有

$$\overrightarrow{M_0M}\cdot\boldsymbol{n}=0,$$

因为 $\overrightarrow{M_0M}=\{x-x_0, y-y_0, z-z_0\}$，所以有

$$\boxed{A(x-x_0)+B(y-y_0)+C(z-z_0)=0. \qquad (1)}$$

此即平面 π 所满足的方程，我们将其称为平面的点法式方程.

2. 平面的一般方程

上面所给出的平面的点法式方程(1)可以写成

$$Ax+By+Cz-Ax_0-By_0-Cz_0=0,$$

这是一个关于 x,y,z 的一次方程，其中 $-Ax_0-By_0-Cz_0$ 是常数.

如果反过来任意给出一个关于 x,y,z 的一次方程

$$\boxed{Ax+By+Cz+D=0(A,B,C\text{不全为零}),} \tag{2}$$

这个方程是否一定是一个平面的方程呢？让我们考察一下. 取方程(2)的一组解 x_0,y_0,z_0，即有

$$Ax_0+By_0+Cz_0+D=0, \tag{3}$$

用式(2)减去式(3)，得

$$A(x-x_0)+B(y-y_0)+C(z-z_0)=0, \tag{4}$$

式(4)与式(2)是同解方程，因此是同一个图形的方程. 由于式(4)是一个通过点 $M_0(x_0,y_0,z_0)$ 且以 $\{A,B,C\}$ 为法向量的平面，所以方程(2)确实是一个平面的方程. 我们将此方程称为平面的一般方程，其中 A,B,C 组成这个平面的法向量.

当方程(2)有缺项时，它所表示的平面在空间直角坐标系中有特殊的位置.

当 $D=0$ 时，方程(2)变为 $Ax+By+Cz=0$，由于$(0,0,0)$满足此方程，所以它表示一个通过原点的平面.

当 $A=0$ 时，方程(2)变为 $By+Cz+D=0$，此平面的法向量 $\boldsymbol{n}=\{0,B,C\}$ 与向量 $\boldsymbol{i}=\{1,0,0\}$ 垂直，所以平面平行于 x 轴. 同样，当 $B=0$ 时，平面平行于 y 轴. 当 $C=0$ 时，平面平行于 z 轴.

当 $A=B=0$ 时，方程(2)变为 $Cz+D=0$，即 $z=-\dfrac{D}{C}$，此平面既平行于 x 轴，又平行于 y 轴，因此它垂直于 z 轴. 同样，当 $A=C=0$ 时，平面垂直于 y 轴. 当 $B=C=0$ 时，平面垂直于 x 轴.

例 1　求过点$(1,-2,1)$，且平行于平面 $2x+3y-z+1=0$ 的平面方程.

解　由题意可知，$\boldsymbol{n}=\{2,3,-1\}$为所求平面的法向量，故所求平面为

$$2(x-1)+3(y+2)-(z-1)=0,$$

即

$$2x+3y-z+5=0.$$

例 2　已知平面经过点 $M(4,-3,-2)$，且垂直于平面 $x+2y-z=0$ 和 $2x-3y+4z-5=0$，求这个平面的方程.

解　设所求平面的法向量为 $\boldsymbol{n}$，由于此平面与两个已知平面都垂直，所以 $\boldsymbol{n}$ 与两已知平面的法向量都垂直，故可取

$$\boldsymbol{n}=\{1,2,-1\}\times\{2,-3,4\}=\{5,-6,-7\},$$

因而所求平面的方程为

$$5(x-4)-6(y+3)-7(z+2)=0,$$

即
$$5x-6y-7z-52=0.$$

例 3 求通过三点 $M_1(1,1,0)$，$M_2(-2,2,-1)$，$M_3(1,2,1)$ 的平面方程.

解 设所求平面的法向量为 $\boldsymbol{n}$，由于点 M_1,M_2,M_3 都在所求平面上，因而有

$$\overrightarrow{M_1M_2}\perp\boldsymbol{n},\overrightarrow{M_1M_3}\perp\boldsymbol{n},$$

故可取
$$\begin{aligned}\boldsymbol{n}&=\overrightarrow{M_1M_2}\times\overrightarrow{M_1M_3}\\&=\{-3,1,-1\}\times\{0,1,1\}=\{2,3,-3\},\end{aligned}$$

所求平面的方程为

$$2(x-1)+3(y-1)-3(z-0)=0,$$

即
$$2x+3y-3z-5=0.$$

例 4 设平面分别交 x 轴、y 轴、z 轴于点 $M_1(a,0,0)$，$M_2(0,b,0)$，$M_3(0,0,c)$，其中 a,b,c 都是非零实数，求此平面的方程.

解 同例 3 一样，可取

$$\begin{aligned}\boldsymbol{n}&=\overrightarrow{M_1M_2}\times\overrightarrow{M_1M_3}\\&=\{-a,b,0\}\times\{-a,0,c\}=\{bc,ca,ab\},\end{aligned}$$

再取点 $M_1(a,0,0)$，得所求平面的方程为

$$bc(x-a)+ca(y-0)+ab(z-0)=0,$$

即
$$\boxed{\frac{x}{a}+\frac{y}{b}+\frac{z}{c}=1.} \tag{5}$$

方程(5)叫作**平面的截距式方程**，其中 a,b,c 分别叫作平面在三个坐标轴上的截距.

例 5 求通过 y 轴且垂直于平面 $5x-4y-2z+3=0$ 的平面方程.

解 由于所求平面通过 y 轴相当于既通过原点且平行于 y 轴，因而其方程中缺少 y 项与常数项，设其方程为

$$Ax+Cz=0, \tag{6}$$

由于它与已知平面垂直，所以有

$$\{5,-4,-2\}\cdot\{A,0,C\}=5A-2C=0,$$

解得 $A=\frac{2}{5}C$，代入式(6)，得

$$\frac{2}{5}Cx+Cz=0,$$

消去 C，得所求平面的方程

$$2x+5z=0.$$

二、有关平面的一些问题

1. 两平面的夹角

已知两个平面的方程

$$\pi_1: A_1x+B_1y+C_1z+D_1=0,$$
$$\pi_2: A_2x+B_2y+C_2z+D_2=0,$$

它们的法向量分别为 $\boldsymbol{n}_1=\{A_1,B_1,C_1\}$ 和 $\boldsymbol{n}_2=\{A_2,B_2,C_2\}$，设平面 π_1 与平面 π_2 的夹角为 $\theta\left(\text{通常取 } 0\leqslant\theta\leqslant\frac{\pi}{2}\right)$，两平面的夹角可以由它们的法向量确定，因而有

$$\boxed{\cos\theta=\frac{|\boldsymbol{n}_1\cdot\boldsymbol{n}_2|}{|\boldsymbol{n}_1||\boldsymbol{n}_2|}=\frac{|A_1A_2+B_1B_2+C_1C_2|}{\sqrt{A_1^2+B_1^2+C_1^2}\sqrt{A_2^2+B_2^2+C_2^2}}.}$$

例 6　求平面 $x+y-2z+3=0$ 与 $x-2y+z-7=0$ 的夹角.

解　$\cos\theta=\dfrac{|1\times1+1\times(-2)+(-2)\times1|}{\sqrt{1^2+1^2+(-2)^2}\sqrt{1^2+(-2)^2+1^2}}=\dfrac{1}{2}$，

故
$$\theta=\frac{\pi}{3}.$$

2. 点到平面的距离

设 M_0 为平面 $\pi: Ax+By+Cz+D=0$ 外一点，下面求点 M_0 到平面 π 的距离 d.

如图 2-28 所示，在平面 π 上取一点 $M_1(x_1,y_1,z_1)$，则向量 $\overrightarrow{M_1M_0}$ 在平面 π 的法向量 $\boldsymbol{n}$ 上的投影的绝对值就是点 M_0 到平面 π 的距离.

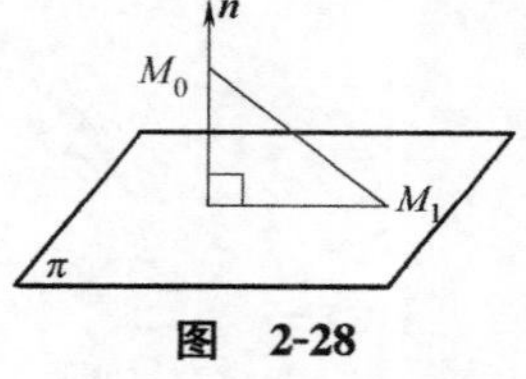

图 2-28

由于

$$\overrightarrow{M_1M_0}=\{x_0-x_1,y_0-y_1,z_0-z_1\},\boldsymbol{n}=\{A,B,C\},$$

$$\begin{aligned}d&=|(\overrightarrow{M_1M_0})_{\boldsymbol{n}}|=\frac{|\overrightarrow{M_1M_0}\cdot\boldsymbol{n}|}{|\boldsymbol{n}|}\\&=\frac{|A(x_0-x_1)+B(y_0-y_1)+C(z_0-z_1)|}{\sqrt{A^2+B^2+C^2}}\\&=\frac{|Ax_0+By_0+Cz_0-(Ax_1+By_1+Cz_1)|}{\sqrt{A^2+B^2+C^2}},\end{aligned}$$

因为点 M_1 在平面 π 上，故有 $Ax_1+By_1+Cz_1+D=0$，即 $Ax_1+By_1+Cz_1=-D$，代入上式，得

$$\boxed{d=\frac{|Ax_0+By_0+Cz_0+D|}{\sqrt{A^2+B^2+C^2}}.}$$

例 7　求两平行平面 $\pi_1: 3x+2y-z+6=0$ 与 $\pi_2: 3x+2y-z-7=0$ 间的距离 d.

解　首先在平面 π_1 上取一点，令 $x=y=0$，代入方程 $3x+2y-z+6=0$，解得 $z=6$，则 $M(0,0,6)$ 即为平面 π_1 上的点，它到平面 π_2 的距离即为平面 π_1 与 π_2 间的距离，故

$$d=\frac{|3\times0+2\times0-6-7|}{\sqrt{3^2+2^2+(-1)^2}}=\frac{13}{\sqrt{14}}.$$

3. 平面束

设平面 $\pi_1: A_1x+B_1y+C_1z+D_1=0$，

$$\pi_2: A_2x+B_2y+C_2z+D_2=0$$

相交于一条直线 L,过直线 L 可以作无数个平面,所有这些平面合在一起称为平面束,可以求得经过直线 L 的平面束的方程为

$$\mu(A_1x+B_1y+C_1z+D_1)+\lambda(A_2x+B_2y+C_2z+D_2)=0. \tag{7}$$

事实上,方程(7)显然表示一个平面,又因为直线 L 上的每一个点都同时满足 π_1 和 π_2 的方程,故它们满足方程(7),因此方程(7)表示过直线 L 的平面.反之,可以证明,每一个过直线 L 的平面方程都可以写成式(7)的形式(证明略).

当式(7)所表示的平面不是 π_2 时,一定有 $\mu\neq0$,故可令 $\mu=1$,因而平面束(不包含 π_2)的方程又可以写成

$$\boxed{A_1x+B_1y+C_1z+D_1+\lambda(A_2x+B_2y+C_2z+D_2)=0.}$$

习题 2-4

1. 已知两点 $A(2,-1,2)$ 和 $B(8,-7,5)$,求过点 B 且与 A,B 两点的连线垂直的平面方程.
2. 设平面过点 $(5,-7,4)$,且在三个坐标轴上的截距相等,求这个平面的方程.
3. 求过点 $(1,1,-1)$,$(-2,-2,2)$,$(1,-1,2)$ 的平面方程.
4. 求过两点 $(1,1,1)$ 和 $(2,2,2)$ 且与平面 $x+y-z=0$ 垂直的平面方程.
5. 求平行于 x 轴并且经过点 $(4,0,-2)$ 和 $(5,1,7)$ 的平面方程.
6. 求三个平面 $x+3y+z=1$,$2x-y-z=0$,$-x+2y+2z=3$ 的交点.
7. 求点 $(1,2,1)$ 到平面 $x+2y+2z-10=0$ 的距离.
8. 求平面 $2x-2y+z+5=0$ 与各坐标面夹角的余弦.
9. 已知三点 $A(1,2,3)$,$B(-1,0,0)$,$C(3,0,1)$,求平行于 $\triangle ABC$ 所在的平面且与它的距离为 2 的平面方程.
10. 求参数 k,使平面 $x+ky-2z=9$ 满足下列条件之一:
    (1) 过点 $(5,-4,-6)$;
    (2) 与平面 $2x+4y+3z=3$ 垂直;
    (3) 与平面 $2x-3y+z=0$ 成 45° 角.
11. 在 z 轴上求一点,使它与两平面 $12x+9y+20z-19=0$ 与 $16x-12y+15z-9=0$ 等距离.
12. 求与两平面 $4x-y-2z-3=0$ 和 $4x-y-2z-5=0$ 等距离的平面方程.
13. 求两平面 $2x-y+z=7$ 和 $x+y+2z=11$ 的两个二面角的平分面的方程.
14. 求满足下列条件的平面的方程:

(1) 与各坐标轴截距的总和为 31，且平行于平面$5x+3y+2z+7=0$；

(2) 与 xOy 面的交线为$\begin{cases}z=0\\x+3y-2=0\end{cases}$，且与三个坐标面所围成四面体的体积为$\frac{8}{3}$.

第五节　空间直线的方程

一、空间直线的方程

1. 直线的一般方程

空间的一条直线总可以看成是通过该直线的任意两个平面的交线，因此一般说来，可以用两个三元一次方程组成的方程组

$$\begin{cases}A_1x+B_1y+C_1z+D_1=0\\A_2x+B_2y+C_2z+D_2=0\end{cases}(\text{其中 } A_1:B_1:C_1\neq A_2:B_2:C_2)$$

表示一条直线，将此方程组称为直线的一般方程. 显然，直线的一般方程的形式不是唯一的.

2. 直线的标准方程与参数方程

设 $M_0(x_0,y_0,z_0)$是空间中一点，$\boldsymbol{s}=\{l,m,n\}$是一非零向量，则在空间中唯一存在一条直线 L 经过点 M_0 且与向量 $\boldsymbol{s}$ 平行. 将 $\boldsymbol{s}$ 称为直线 L 的方向向量，$\boldsymbol{s}$ 的三个坐标 l,m,n 称为直线 L 的一组方向数. 如果数 $k\neq0$，那么 kl,km,kn 也称为直线 L 的方向数. 下面求直线 L 的方程.

设 $M(x,y,z)$是空间中任一点，则点 M 在直线 L 上$\Leftrightarrow\overrightarrow{M_0M}/\!/\boldsymbol{s}$，因为

$$\overrightarrow{M_0M}=\{x-x_0,y-y_0,z-z_0\},$$

故

$$\overrightarrow{M_0M}/\!/\boldsymbol{s}\Leftrightarrow$$

$$\frac{x-x_0}{l}=\frac{y-y_0}{m}=\frac{z-z_0}{n}.$$

此式即为所求直线 L 的方程，称为**直线的标准方程**或**对称式方程**.

由于$\overrightarrow{M_0M}/\!/\boldsymbol{s}$ 的另一个充分必要条件是存在数 t，使$\overrightarrow{M_0M}=t\boldsymbol{s}$，即

$$\{x-x_0,y-y_0,z-z_0\}=\{tl,tm,tn\},$$

故有

$$\begin{cases}x=x_0+lt\\y=y_0+mt.\\z=z_0+nt\end{cases}$$

当 M 在直线上变动时，t 也随之变动，其变动范围是$(-\infty,+\infty)$，

因而上式也是直线 L 的方程,叫作**直线的参数方程**.

直线方程的几种形式可以互相转化.

例 1 已知直线过两点 $M_1(-1,0,2)$ 和 $M_2(2,4,2)$,求此直线的方程.

解 由于向量 $\overrightarrow{M_1M_2}$ 与所求直线平行,故取

$$\boldsymbol{s}=\overrightarrow{M_1M_2}=(3,4,0),$$

所求直线方程为

$$\frac{x+1}{3}=\frac{y}{4}=\frac{z-2}{0}.$$

上面所求出的直线方程中出现了第三个分母为零的情况,它意味着直线与 z 轴垂直,因而方程中的 $\frac{z-2}{0}$ 应理解成直线上点的 z 坐标恒为 2.

例 2 求过点 $(-3,2,4)$ 且与两平面 $2x+y-z-4=0$ 和 $x-2y+3z=0$ 的交线平行的直线方程.

解 因为两平面交线的方向向量与两平面的法向量都垂直,故取

$$\boldsymbol{s}=(2,1,-1)\times(1,-2,3)=(1,-7,-5),$$

所求直线方程为

$$\frac{x+3}{1}=\frac{y-2}{-7}=\frac{z-4}{-5}.$$

例 3 将直线的一般方程 $\begin{cases}2x-y-5z=1\\x\quad\;\;-4z=8\end{cases}$ 化成标准方程和参数方程.

解 在方程组中令 $x=0$,得 $\begin{cases}-y-5z=1\\\quad\;\;-4z=8\end{cases}$,解得 $y=9,z=-2$,故 $(0,9,-2)$ 是所求直线上一点,取

$$\boldsymbol{s}=(2,-1,-5)\times(1,0,-4)=(4,3,1)$$

故所求直线的标准方程与参数方程分别为

$$\frac{x}{4}=\frac{y-9}{3}=\frac{z+2}{1}$$

和
$$\begin{cases}x=4t\\y=9+3t\\z=-2+t\end{cases}.$$

二、有关直线和平面的一些问题

1. 直线与直线的夹角

直线与直线的夹角 $\theta\left(规定\ 0\leqslant\theta\leqslant\frac{\pi}{2}\right)$ 可通过两直线的方向向量之间的夹角来确定. 设直线

$$L_1:\frac{x-a_1}{l_1}=\frac{y-b_1}{m_1}=\frac{z-c_1}{n_1},$$

$$L_2:\frac{x-a_2}{l_2}=\frac{y-b_2}{m_2}=\frac{z-c_2}{n_2},$$

若记 $\boldsymbol{s}_1=\{l_1,m_1,n_1\}$，$\boldsymbol{s}_2=\{l_2,m_2,n_2\}$，则有

$$\boxed{\cos\theta=\frac{|\boldsymbol{s}_1\cdot\boldsymbol{s}_2|}{|\boldsymbol{s}_1||\boldsymbol{s}_2|}=\frac{|l_1l_2+m_1m_2+n_1n_2|}{\sqrt{l_1^2+m_1^2+n_1^2}\sqrt{l_2^2+m_2^2+n_2^2}}.}$$

例 4　求两直线 $\frac{x-1}{1}=\frac{y}{-4}=\frac{z+3}{1}$ 与 $\frac{x}{2}=\frac{y+2}{-2}=\frac{z-1}{-1}$ 的夹角.

解　$\boldsymbol{s}_1=\{1,-4,1\}$，$\boldsymbol{s}_2=\{2,-2,-1\}$，

$$\cos\theta=\frac{|1\times2-4\times(-2)+1\times(-1)|}{\sqrt{1^2+(-4)^2+1^2}\sqrt{2^2+(-2)^2+(-1)^2}}=\frac{\sqrt{2}}{2},$$

故
$$\theta=\frac{\pi}{4}.$$

2. 直线与平面的夹角

直线与平面的夹角 $\varphi\left(规定\ 0\leqslant\varphi\leqslant\frac{\pi}{2}\right)$ 可以利用直线的方向向量与平面的法向量的夹角来计算.

设直线　$L:\frac{x-a}{l}=\frac{y-b}{m}=\frac{z-c}{n}$，

平面　　$\pi:Ax+By+Cz+D=0$，

记 $\boldsymbol{s}=\{l,m,n\}$，$\boldsymbol{n}=\{A,B,C\}$，如图 2-29 所示，有
$$\sin\varphi=|\cos\theta|,$$
因此有

$$\boxed{\sin\varphi=\frac{|\boldsymbol{s}\cdot\boldsymbol{n}|}{|\boldsymbol{s}||\boldsymbol{n}|}=\frac{|lA+mB+nC|}{\sqrt{l^2+m^2+n^2}\sqrt{A^2+B^2+C^2}}.}$$

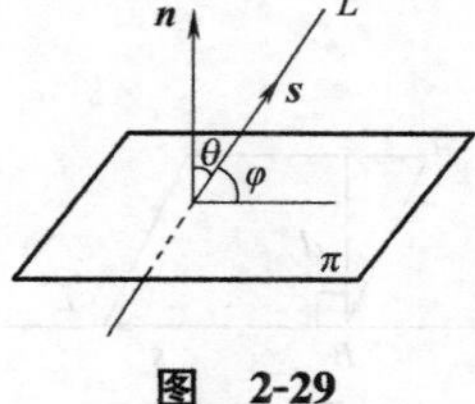

图　2-29

例 5　求直线 $\frac{x-2}{-1}=\frac{y-3}{1}=\frac{z-4}{-2}$ 与平面 $2x+y+z-6=0$ 的夹角.

解　$\boldsymbol{s}=\{-1,1,-2\}$，$\boldsymbol{n}=\{2,1,1\}$，

$$\sin\varphi=\frac{|\boldsymbol{s}\cdot\boldsymbol{n}|}{|\boldsymbol{s}||\boldsymbol{n}|}=\frac{|(-1)\times2+1\times1-2\times1|}{\sqrt{(-1)^2+1^2+(-2)^2}\sqrt{2^2+1^2+1^2}}=\frac{1}{2},$$

故
$$\varphi=\frac{\pi}{6}.$$

3. 点到直线的距离

求点到直线的距离的方法比较多，我们可由下面的例题来了解一些方法.

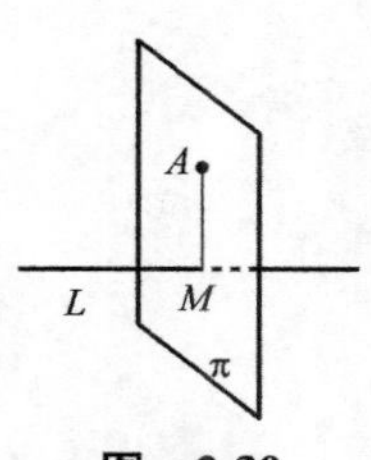

图　2-30

例 6　求点 $A(1,2,3)$ 到直线 $L:x=\frac{y-4}{-3}=\frac{z-3}{-2}$ 的距离 d.

解 1　如图 2-30 所示，过点 A 作与直线 L 垂直的平面 π，设平

面 π 与直线 L 的交点为 M，则 $d=AM$. 平面 π 的方程为

$$(x-1)-3(y-2)-2(z-3)=0,$$

即

$$x-3y-2z+11=0,$$

解方程组

$$\begin{cases} x-3y-2z+11=0 \\ x=\dfrac{y-4}{-3}=\dfrac{z-3}{-2} \end{cases},$$

得 $x=\dfrac{1}{2}, y=\dfrac{5}{2}, z=2$，则点 $M\left(\dfrac{1}{2},\dfrac{5}{2},2\right)$ 为平面 π 与直线 L 的交点，于是

$$d=AM=\sqrt{\left(1-\frac{1}{2}\right)^2+\left(2-\frac{5}{2}\right)^2+(3-2)^2}=\sqrt{\frac{3}{2}}.$$

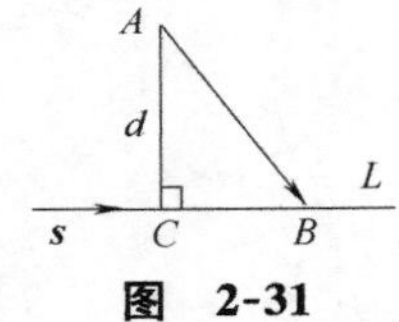

图　2-31

解 2　如图 2-31 所示，直线 L 的方向向量为

$$\boldsymbol{s}=(1,-3,-2),$$

在直线 L 上取一点 $B(0,4,3)$，则

$$d=\sqrt{|\overrightarrow{AB}|^2-|\overrightarrow{BC}|^2}=\sqrt{|\overrightarrow{AB}|^2-((\overrightarrow{AB})_s)^2},$$

由于 $\overrightarrow{AB}=(-1,2,0), \overrightarrow{AB}=\sqrt{(-1)^2+2^2+0^2}=\sqrt{5}$,

$$(\overrightarrow{AB})_s=\frac{\overrightarrow{AB}\cdot\boldsymbol{s}}{|\boldsymbol{s}|}=\frac{(-1)\times1+2\times(-3)+0\times(-2)}{\sqrt{1^2+(-3)^2+(-2)^2}}=\frac{7}{\sqrt{14}},$$

因此

$$d=\sqrt{5-\frac{49}{14}}=\sqrt{\frac{3}{2}}.$$

解 3　如图 2-32 所示，在直线 L 上取一点 $B(0,4,3)$，以 $\overrightarrow{AB}$ 和直线 L 的方向向量 $\boldsymbol{s}$ 为邻边作一平行四边形，则此平行四边形的高即为所要求的 d，因此有

$$d=\frac{|\overrightarrow{AB}\times\boldsymbol{s}|}{|\boldsymbol{s}|}=\frac{|(-1,2,0)\times(1,-3,-2)|}{\sqrt{1^2+(-3)^2+(-2)^2}}=\sqrt{\frac{3}{2}}.$$

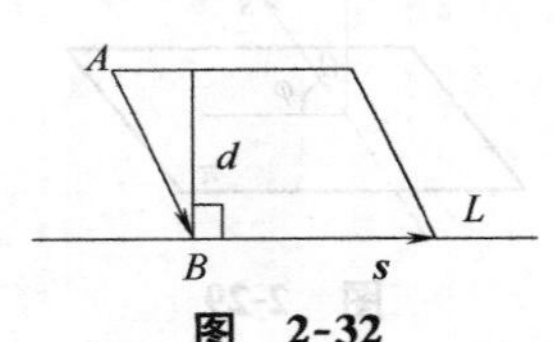

图　2-32

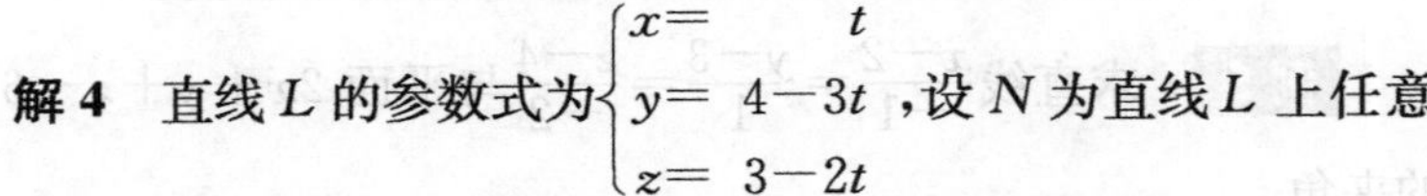

解 4　直线 L 的参数式为 $\begin{cases} x=t \\ y=4-3t \\ z=3-2t \end{cases}$，设 N 为直线 L 上任意一点，则 AN 的最小值即为所要求的 d，由于 N 的坐标为 $(t,4-3t,3-2t)$，故

$$AN^2=(1-t)^2+(2-4+3t)^2+(3-3+2t)^2=14\left(t-\frac{1}{2}\right)^2+\frac{3}{2},$$

当 $t=\dfrac{1}{2}$ 时，AN^2 取得最小值 $\dfrac{3}{2}$，所以

$$d=\min_t AN=\sqrt{\frac{3}{2}}.$$

4. 两直线共面的条件

设直线

$$L_1: \frac{x-a_1}{l_1}=\frac{y-b_1}{m_1}=\frac{z-c_1}{n_1},$$

$$L_2:\frac{x-a_2}{l_2}=\frac{y-b_2}{m_2}=\frac{z-c_2}{n_2},$$

如图 2-33 所示，可以得出直线 L_1 与 L_2 在同一个平面上的充分必要条件是向量 $\boldsymbol{s}_1=\{l_1,m_1,n_1\}$，$\boldsymbol{s}_2=\{l_2,m_2,n_2\}$ 与由 $M(a_1,b_1,c_1)$，$N(a_2,b_2,c_2)$ 所确定的向量 $\overrightarrow{MN}$ 在同一个平面上，即

$$(\boldsymbol{s}_1,\boldsymbol{s}_2,\overrightarrow{MN})=\begin{vmatrix} l_1 & m_1 & n_1 \\ l_2 & m_2 & n_2 \\ a_2-a_1 & b_2-b_1 & c_2-c_1 \end{vmatrix}=0.$$

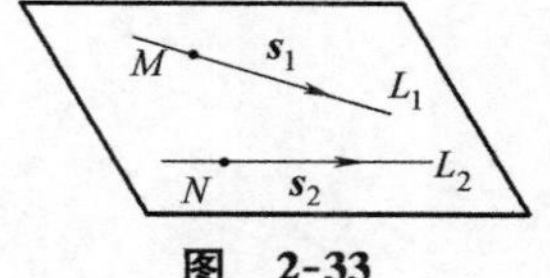

图　2-33

例 7　已知直线 L 通过点 $(1,1,1)$，而且与两直线 $L_1:\frac{x}{1}=\frac{y}{2}=\frac{z}{3}$，$L_2:\frac{x-1}{2}=\frac{y-2}{1}=\frac{z-3}{4}$ 都相交，求直线 L 的方程.

解　设直线 L 的方程为

$$\frac{x-1}{l}=\frac{y-1}{m}=\frac{z-1}{n},$$

由于直线 L 与直线 L_1 相交，因而两直线共面，故有

$$\begin{vmatrix} l & m & n \\ 1 & 2 & 3 \\ 0-1 & 0-1 & 0-1 \end{vmatrix}=l-2m+n=0,$$

同理，由于直线 L 与直线 L_2 相交，有

$$\begin{vmatrix} l & m & n \\ 2 & 1 & 4 \\ 1-1 & 2-1 & 3-1 \end{vmatrix}=-2l-4m+2n=0,$$

由以上两式解得 $l=0$，$n=2m$，令 $m=1$，则 $n=2$，故直线 L 的方程为

$$\frac{x-1}{0}=\frac{y-1}{1}=\frac{z-1}{2}.$$

习题 2-5

1. 将直线的一般方程 $\begin{cases} x-y+z+5=0 \\ 5x-8y+4z+36=0 \end{cases}$ 化成标准方程.
2. 求过点 $(0,-3,2)$ 且与两点 $(3,4,-7)$ 和 $(2,7,-6)$ 的连线平行的直线方程.
3. 求过点 $(0,2,4)$ 且与两平面 $x+2z=1$ 和 $y-3z=2$ 都平行的直线方程.
4. 求过点 $(2,-3,4)$ 且与直线 $\frac{x}{1}=\frac{y}{-1}=\frac{z+5}{2}$ 和 $\frac{x-8}{3}=\frac{y+4}{-2}=\frac{z-2}{1}$ 都垂直的直线方程.
5. 求过点 $(2,4,-4)$ 且与三坐标轴成等角的直线方程.

6. 求直线$\frac{x+3}{3}=\frac{y+2}{-2}=z$与平面$x+2y+2z+6=0$的交点.

7. 求过点$(1,3,-1)$和直线$\frac{x-3}{0}=\frac{y+1}{-1}=\frac{z}{2}$的平面方程.

8. 求过点$(2,0,-3)$且与直线$\begin{cases}x-2y+4z-7=0\\3x+5y-2z+1=0\end{cases}$垂直的平面方程.

9. 求过直线$\frac{x-2}{5}=\frac{y+1}{2}=\frac{z-2}{4}$且垂直于平面$x+4y-3z+7=0$的平面方程.

10. 求过点$(1,3,-1)$且与两直线$\begin{cases}x+2y-z+1=0\\x-y+z-1=0\end{cases}$和$\begin{cases}2x-y+z=0\\x-y+z=0\end{cases}$都平行的平面方程.

11. 求过直线$\begin{cases}x+y-z=0\\x-y+z-1=0\end{cases}$和点$(1,1,-1)$的平面方程.

12. 求直线$\begin{cases}x+y+3z=0\\x-y-z=0\end{cases}$与平面$x-y-z+1=0$的夹角.

13. 求直线$\begin{cases}5x-3y+3z-9=0\\3x-2y+z-1=0\end{cases}$与直线$\begin{cases}2x+2y-z+23=0\\3x+3y+z-18=0\end{cases}$的夹角的余弦.

14. 证明直线$\begin{cases}x+2y-z=7\\-2x+y+z=9\end{cases}$与直线$\begin{cases}3x+6y-3z=8\\2x-y-z=0\end{cases}$平行.

15. 试确定下列各组中的直线与平面之间的关系.

(1) $\frac{x+3}{-2}=\frac{y+4}{-7}=\frac{z}{3}$与$4x-2y-2z=3$;

(2) $\frac{x}{3}=\frac{y}{-2}=\frac{z}{7}$与$3x-2y+7z=8$;

(3) $\frac{x-2}{3}=\frac{y+2}{1}=\frac{z-3}{-4}$与$x+y+z=3$.

16. 求通过点$(-3,5,-9)$且与两直线$\begin{cases}y=3x+5\\z=2x-3\end{cases}$和$\begin{cases}z=5x+10\\y=4x-7\end{cases}$都相交的直线方程.

17. 求通过点$(1,2,3)$,与z轴相交,且与直线$x=y=z$垂直的直线方程.

18. 试确定λ的值,使直线$\frac{x-1}{1}=\frac{y+1}{2}=\frac{z-1}{\lambda}$与直线$\frac{x+1}{1}=\frac{y-1}{1}=\frac{z}{1}$相交.

19. 证明直线$\frac{x+3}{5}=\frac{y+1}{2}=\frac{z-2}{4}$与直线$\frac{x-3}{8}=\frac{y-1}{1}=\frac{z-6}{2}$相交，并求由此两直线所确定的平面方程.

第六节　空间曲面与空间曲线

前面讨论了平面与直线的方程，这一节我们将讨论一些常见的曲面和曲线的方程.

一、曲面的方程

空间曲面可以看成满足一定条件的动点的几何轨迹. 如果曲面上的点具有某一共同的性质，又设(x,y,z)表示曲面上的点，则曲面上的点的几何性质常常可以用一个关于x,y,z的三元方程来表示，即有

$$\boxed{F(x,y,z)=0,} \tag{1}$$

曲面上的点都满足方程(1)，不在曲面上的点则不满足方程(1)，方程(1)叫作曲面的一般方程.

有时可以将曲面上的点(x,y,z)的坐标表示为两个变量u,v的函数，即有

$$\boxed{\begin{cases}x=x(u,v)\\y=y(u,v),\\z=z(u,v)\end{cases}} \tag{2}$$

则方程(2)也是曲面的方程，它叫作曲面的参数方程，其中u,v为参数.

例 1　求球心在$M_0(x_0,y_0,z_0)$，半径为R的球面的方程.

解　设$M(x,y,z)$是球面上任意一点，则根据球面的性质，点M_0到点M的距离$M_0M=R$，即有

$$(x-x_0)^2+(y-y_0)^2+(z-z_0)^2=R^2,$$

此即所求球面的方程，它是球面的一般方程，也称为球面的标准方程. 特别地，当球心在原点时，球面的一般方程为

$$x^2+y^2+z^2=R^2.$$

二、曲线的方程

如果空间曲线C是两个曲面的交线，设这两个曲面的方程分别为$F(x,y,z)=0$和$G(x,y,z)=0$，由于曲线C同时在这两个曲面上，因此曲线C上的点(x,y,z)一定满足方程组

$$\begin{cases}F(x,y,z)=0\\G(x,y,z)=0\end{cases},$$

此方程组叫作曲线的一般方程. 显然，曲线的一般方程不是唯一的.

有时曲线上的点(x,y,z)的三个坐标都可以表示成变量t的函数，即

$$\begin{cases}x=x(t)\\y=y(t),\\z=z(t)\end{cases}$$

则此式也是曲线的方程，叫作曲线的参数方程，其中t是参数.

例 2　如图 2-34 所示，曲线C是一圆心在点$(0,0,1)$，半径为 1 的圆，这圆所在的平面与z轴垂直，求它的一般方程和参数方程.

解　这个圆可以看成一个球面与一个平面的交线，因此有

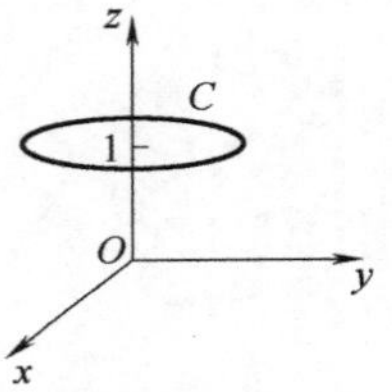

$$C:\begin{cases}x^2+y^2+z^2=2,\\z=1\end{cases}$$

图　2-34

它的参数方程可以表示成

$$C:\begin{cases}x=\cos t\\y=\sin t.\\z=1\end{cases}$$

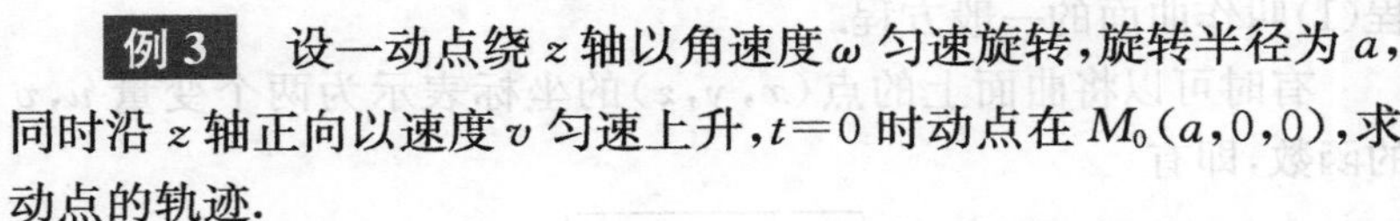

例 3　设一动点绕z轴以角速度ω匀速旋转，旋转半径为a，同时沿z轴正向以速度v匀速上升，$t=0$时动点在$M_0(a,0,0)$，求动点的轨迹.

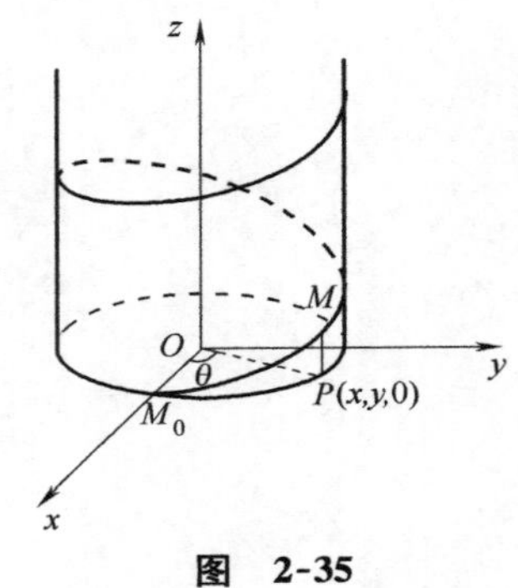

图　2-35

解　如图 2-35 所示，设时间为t时动点坐标为$M(x,y,z)$，其x,y与点M在xOy面上的投影点P的x,y相同，设OP与x轴正方向的夹角为θ，由题设，$\theta=\omega t$，故动点的轨迹为

$$\begin{cases}x=a\cos\omega t\\y=a\sin\omega t,\\z=vt\end{cases}$$

这是一空间曲线，称为螺旋线.

三、几种常见的曲面

1. 柱面

一直线沿一给定的曲线C平行移动所形成的曲面S叫作柱面. 其中曲线C叫作柱面的准线，直线沿C平行移动中的每个位置都叫作柱面的母线. 柱面S可以称为由曲线C所生成的.

下面讨论以坐标面上的曲线为准线，母线平行于坐标轴的柱面方程.

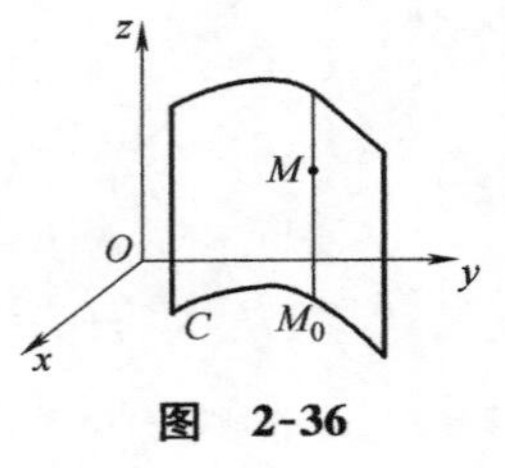

图　2-36

设柱面的准线为xOy面的曲线C，其母线平行于z轴，准线C的方程为

$$C:\begin{cases}F(x,y)=0\\z=0\end{cases},$$

所生成的柱面如图 2-36 所示，让我们来推导柱面的方程.

设 $M(x,y,z)$ 是柱面上任一点，点 M 所在的母线与准线 C 交于点 $M_0(x,y,0)$. 点 M 与 M_0 的前两个坐标是相同的，因此点 M 的坐标满足方程

$$\boxed{F(x,y)=0.}$$

此即所求柱面的方程，方程中不含有 z 意味着柱面上点的 x,y 坐标受到上面方程的约束，而其 z 坐标不受任何限制，即 z 坐标可以是任意的. 反之，任意不含有 z 的方程 $F(x,y)=0$ 对应一个母线平行于 z 轴的柱面.

同理，方程 $F(x,z)=0$ 表示母线平行于 y 轴的柱面，方程 $F(y,z)=0$ 表示母线平行于 x 轴的柱面.

例 4　下列方程各表示什么曲面？

(1) $x^2+y^2=1$；(2) $x^2=2z$；(3) $\dfrac{z^2}{a^2}-\dfrac{y^2}{b^2}=1$.

解　(1) 方程 $x^2+y^2=1$ 中不含有 z，故它表示一个母线平行于 z 轴的柱面，由于这个柱面与 xOy 面的交线 C_1：$\begin{cases}x^2+y^2=1\\ z=0\end{cases}$ 是一个圆，因而这个柱面是以 C_1 为准线的一个圆柱面，其图形如图 2-37所示；

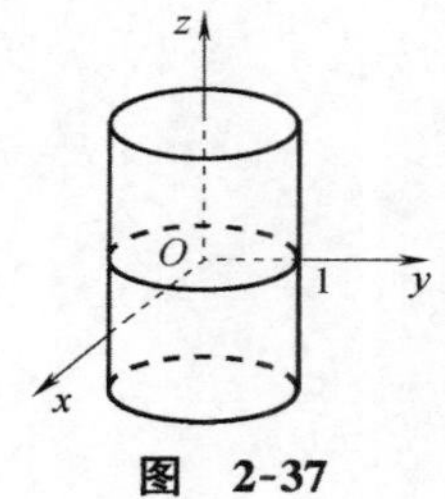

图　2-37

(2) 方程 $x^2=2z$ 中不包含 y，故它表示一个母线平行于 y 轴的柱面，由于这个柱面与 zOx 面的交线 C_2：$\begin{cases}x^2=2z\\ y=0\end{cases}$ 是抛物线，因而这个柱面是以 C_2 为准线的抛物柱面，其图形如图 2-38 所示；

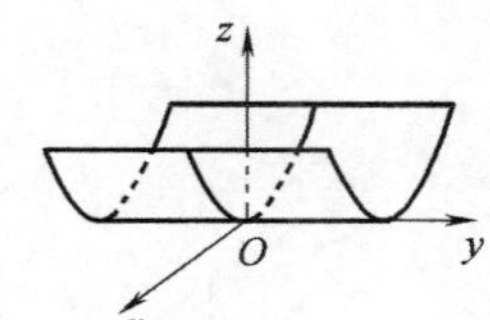

图　2-38

(3) 方程 $\dfrac{z^2}{a^2}-\dfrac{y^2}{b^2}=1$ 中不含有 x，故它表示一个母线平行于 x 轴的柱面，由于这个柱面与 yOz 面的交线 C_3：$\begin{cases}\dfrac{z^2}{a^2}-\dfrac{y^2}{b^2}=1\\ x=0\end{cases}$ 是双曲线，因而这个柱面是以 C_3 为准线的双曲柱面，其图形如图 2-39 所示.

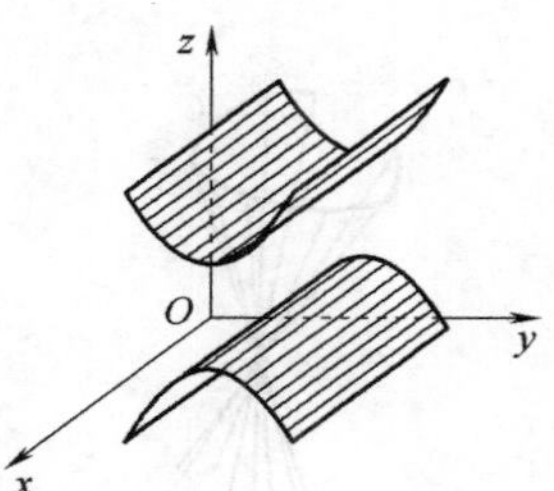

图　2-39

2. 旋转曲面

由一条平面曲线 C 绕一条定直线旋转一周所成的曲面 S 叫作旋转曲面，这条定直线叫作旋转曲面的轴，曲线 C 叫作旋转曲面的准线.

下面讨论由某坐标面上的一条曲线 C 绕此坐标面上的某一坐标轴旋转一周所成的旋转曲面的方程.

设 xOy 面上曲线 C：$\begin{cases}F(x,y)=0\\ z=0\end{cases}$，如图 2-40 所示，将曲线 C 绕 y 轴旋转一周得到旋转曲面 S. 设 $M(x,y,z)$ 是旋转曲面 S 上任一点，并设它是由曲线 C 上的某个点 $M_0(x_0,y_0,0)$ 在旋转过程中所得到的，则由于这两个点在同一个圆周上（此圆与 y 轴垂直），因此

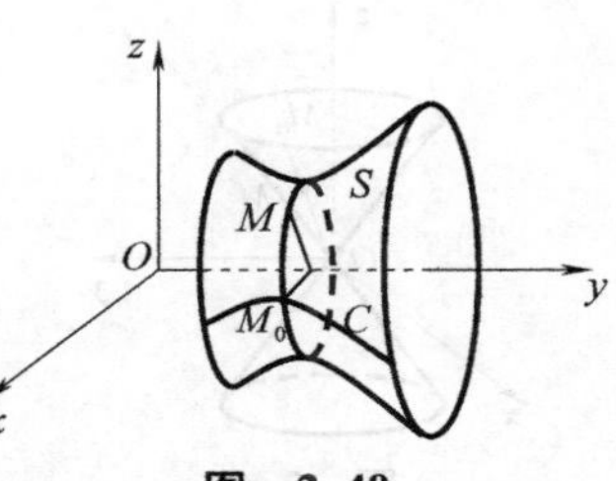

图　2-40

这两个点的坐标有如下关系：

$$y=y_0,|x_0|=\sqrt{x^2+z^2},\text{即 } x_0=\pm\sqrt{x^2+z^2},$$

又因为点 M_0 在曲线 C 上，有 $F(x_0,y_0)=0$，与上面两式合在一起消去 x_0,y_0，便得到一个关于 x,y,z 的方程

$$\boxed{F(\pm\sqrt{x^2+z^2},y)=0,}$$

此即旋转曲面 S 的方程.

同理可得上述曲线 C 绕 x 轴旋转一周所成旋转曲面的方程为

$$\boxed{F(x,\pm\sqrt{y^2+z^2})=0.}$$

读者自己可以给出 yOz 面上的曲线 C：$\begin{cases}F(y,z)=0\\ x=0\end{cases}$ 绕 y 轴（或 z 轴）旋转一周所成旋转曲面的方程，以及 zOx 面上的曲线 C：$\begin{cases}F(x,z)=0\\ y=0\end{cases}$ 绕 z 轴（或 x 轴）旋转一周所成旋转曲面的方程.

例 5　求 yOz 面上的曲线 C：$\begin{cases}\dfrac{y^2}{b^2}-\dfrac{z^2}{c^2}=1\\ x=0\end{cases}$ 分别绕 y 轴和 z 轴旋转一周所得旋转曲面的方程.

解　曲线 C 绕 y 轴旋转所得旋转曲面的方程为

$$\frac{y^2}{b^2}-\frac{z^2+x^2}{c^2}=1,$$

绕 z 轴旋转所得旋转曲面的方程为

$$\frac{x^2+y^2}{b^2}-\frac{z^2}{c^2}=1.$$

3. 椭圆锥面

设 C 是一曲线，P 是不在 C 上的定点，如图 2-41 所示，过 P 和 C 上每一点作一直线，所有这些直线形成的曲面称为锥面，其中每一条直线都称为锥面的母线，曲线 C 称为锥面的准线，点 P 称为锥面的顶点. 如果其中准线 C 是一椭圆，则锥面称为椭圆锥面.

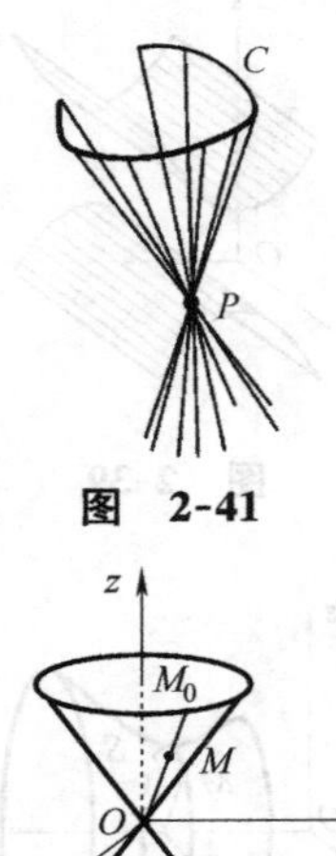

图　2-41

图　2-42

下面求以曲线 $\begin{cases}\dfrac{x^2}{a^2}+\dfrac{y^2}{b^2}=1\\ z=c(c\neq 0)\end{cases}$ 为准线，顶点在原点的椭圆锥面的方程. 如图 2-42 所示，设 $M(x,y,z)$ 是锥面上任一点，过点 M 与原点作一直线，此直线与准线的交点记为 $M_0(x_0,y_0,z_0)$，由于 $\overrightarrow{OM}/\!/\overrightarrow{OM_0}$，则存在数 λ，使

$$\overrightarrow{OM_0}=\lambda\overrightarrow{OM},$$

故点 M 的坐标与点 M_0 的坐标有如下关系：

$$x_0=\lambda x,y_0=\lambda y,z_0=\lambda z,$$

因为点 M_0 在准线上，有

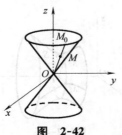

$$\begin{cases} \dfrac{x_0^2}{a^2}+\dfrac{y_0^2}{b^2}=1, \\ z_0=c \end{cases}$$

从而有

$$\begin{cases} \dfrac{(\lambda x)^2}{a^2}+\dfrac{(\lambda y)^2}{b^2}=1, \\ \lambda z=c \end{cases}$$

将上式中的 λ 消去，便得到一个关于 x,y,z 的方程

$$\boxed{\frac{x^2}{a^2}+\frac{y^2}{b^2}=\frac{z^2}{c^2}.}$$

此方程即为所求椭圆锥面的方程，由于这个方程是二次方程，所以椭圆锥面又叫作二次锥面.

四、曲线在坐标面上的投影

如图 2-43 所示，设 C 是一空间曲线，以 C 为准线作一母线平行于 z 轴的柱面 S，则柱面 S 称为曲线 C 的一个投影柱面(关于 xOy 面的)，投影柱面 S 与 xOy 面的交线 C_{xy} 称为曲线 C 在 xOy 面上的投影曲线，简称为投影.

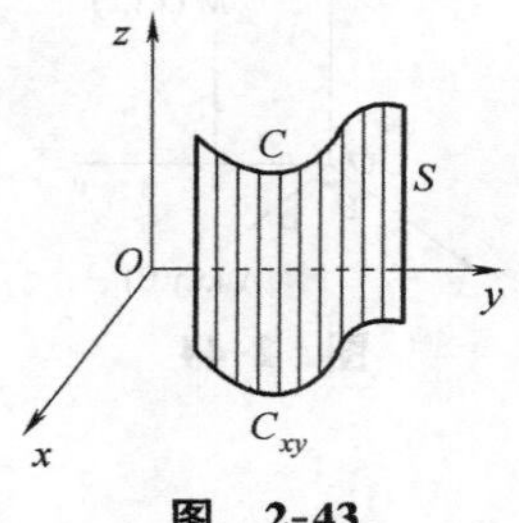

图　2-43

现在我们设法得出投影曲线的方程.

设曲线 C 的方程为

$$\begin{cases} F(x,y,z)=0 \\ G(x,y,z)=0 \end{cases}.$$

如果方程组中有一个方程不包含 z，将这个方程记为 $\Phi(x,y)=0$，如果方程组中两个方程都包含 z，设法由这两个方程消去 z，得到一个不包含 z 的方程，同样将其记作 $\Phi(x,y)=0$. 因而 C 一定在曲面 $\Phi(x,y)=0$ 上，而 $\Phi(x,y)=0$ 又是一个母线平行于 z 轴的柱面，所以 $\Phi(x,y)=0$ 就是曲线 C(关于 xOy 面)的投影柱面 S 的方程，故曲线 C 在 xOy 面上的投影曲线 C_{xy} 的方程为

$$\begin{cases} \Phi(x,y)=0 \\ z=0 \end{cases}.$$

用同样方法可以求得曲线 C 在 yOz 面上的投影曲线 C_{yz} 以及在 zOx 面上的投影曲线 C_{zx} 的方程.

例 6　求曲线 $\begin{cases} x^2+y^2+z^2=1 \\ y^2=z \end{cases}$ 在三个坐标面上的投影曲线的方程.

解　由方程组消去 z，得 $x^2+y^2+y^4=1$，故曲线在 xOy 面上的投影为

$$C_{xy}:\begin{cases} x^2+y^2+y^4=1 \\ z=0 \end{cases};$$

由方程组消去 y，得 $x^2+z+z^2=1$，故曲线在 zOx 面上的投影为

$$C_{zx}:\begin{cases} x^2+z+z^2=1 \\ y=0 \end{cases};$$

方程组中的第二个方程不含 x，它即是曲线关于 yOz 面的投影柱面的方程，因而曲线在 yOz 面上的投影为

$$C_{yz}:\begin{cases} y^2=z \\ x=0 \end{cases}.$$

五、柱坐标系和球坐标系

前面我们介绍了空间直角坐标系以及在空间直角坐标系中一些曲面和曲线的方程. 直角坐标系是我们常用的一种空间坐标系，但是对于某些特殊的曲面，利用柱坐标系或者球坐标系处理会更方便. 下面分别介绍这两种空间坐标系.

1. 柱坐标系

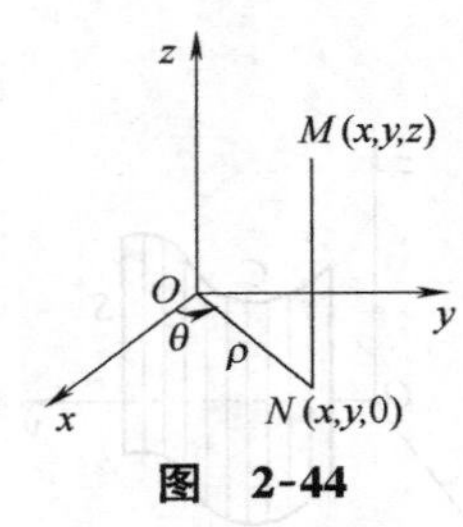

图 2-44

设 $M(x,y,z)$ 是空间中一点，如图 2-44 所示，$N(x,y,0)$ 是点 M 在 xOy 面上的投影点，如果 (x,y) 的极坐标为 (ρ,θ)，则将 (ρ,θ,z) 称为点 M 的柱坐标，其中

$$0\leqslant\rho<+\infty,0\leqslant\theta\leqslant2\pi,-\infty<z<+\infty.$$

点 M 的直角坐标与柱坐标之间显然有下列关系：

$$\begin{cases} x=\rho\cos\theta \\ y=\rho\sin\theta. \\ z=z \end{cases}$$

例 7 求下列曲面在柱坐标系中的方程.

(1) 圆柱面 $x^2+y^2-ax=0$；(2) 旋转抛物面 $x^2+y^2=2z$.

解 (1) 将 $x=\rho\cos\theta, y=\rho\sin\theta$ 代入已知圆柱面的方程，得

$$\rho^2-a\rho\cos\theta=0, \text{即 } \rho=a\cos\theta,$$

此即圆柱面的柱坐标方程；

(2) 将 $x=\rho\cos\theta, y=\rho\sin\theta, z=z$ 代入已知曲面的方程，得

$$\rho^2=2z,$$

此即旋转抛物面的柱坐标方程.

2. 球坐标系

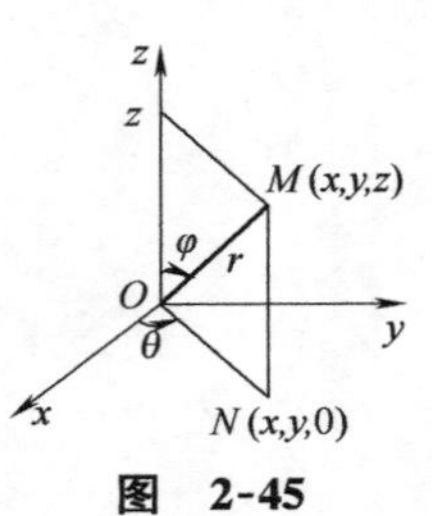

图 2-45

设点 $M(x,y,z)$ 是空间中一点，如图 2-45 所示，$N(x,y,0)$ 是点 M 在 xOy 面上的投影，如果记 $|\overrightarrow{OM}|=r$，$\overrightarrow{OM}$ 与 z 轴正方向的夹角为 φ，点 N 在 xOy 面上的极角为 θ，即从 z 轴正向看去，由 x 轴正向按逆时针方向转到 $\overrightarrow{ON}$ 的角为 θ，则将 (r,φ,θ) 称为点 M 的球坐标，其中

$$0\leqslant r<+\infty,0\leqslant\varphi\leqslant\pi,0\leqslant\theta\leqslant2\pi.$$

点 M 的直角坐标与球坐标之间有下列关系：

$$\begin{cases} x=r\cos\theta\sin\varphi \\ y=r\sin\theta\sin\varphi. \\ z=r\cos\varphi \end{cases}$$

显然，球坐标满足 $x^2+y^2+z^2=r^2$.

例 8　求下列曲面在球坐标系中的方程.

(1) 旋转抛物面 $z=x^2+y^2$；

(2) 球面 $x^2+y^2+(z-2)^2=4$；

(3) 平面 $z=1$.

解　(1) 将 $x=r\cos\theta\sin\varphi, y=r\sin\theta\sin\varphi, z=r\cos\varphi$ 代入已知方程,得

$$r\cos\varphi=r^2\sin^2\varphi, \text{即 } r=\frac{\cos\varphi}{\sin^2\varphi},$$

此即旋转抛物面的球坐标方程；

(2) 将球面方程化成

$$x^2+y^2+z^2=4z,$$

把 $x=r\cos\theta\sin\varphi, y=r\sin\theta\sin\varphi, z=r\cos\varphi$ 代入上式,得

$$r^2=4r\cos\varphi, \text{即 } r=4\cos\varphi,$$

此即已知球面的球坐标方程；

(3) 将 $z=r\cos\varphi$ 代入已知方程,得

$$r\cos\varphi=1, \text{即 } r=\frac{1}{\cos\varphi},$$

此即所给平面的球坐标方程.

习题 2-6

1. 求与 x 轴的距离为 3,与 y 轴的距离为 2 的一切点所确定的曲线的方程.
2. 求通过点(0,0,0),(3,0,0),(2,2,0),(1,−1,−3)的球面方程.
3. 求球面 $x^2+y^2+z^2-12x+4y-6z=0$ 的球心和半径.
4. 求内切于由平面 $3x-2y+6z-8=0$ 与三个坐标面围成的四面体的球面方程.
5. 指出下列方程在空间中表示什么图形.

   (1) $x^2+4y^2=1$；　(2) $x^2+z^2=0$；

   (3) $\begin{cases}x^2=4y\\ z=1\end{cases}$；　(4) $\begin{cases}x^2+y^2+z^2=36\\ (x-1)^2+(y+2)^2+(z-1)^2=25\end{cases}$.
6. 求下列曲线绕指定坐标轴旋转所得旋转曲面的方程.

   (1) $\begin{cases}4x^2+9y^2=36\\ z=0\end{cases}$ 绕 x 轴旋转；

   (2) $\begin{cases}4x^2-9y^2=36\\ z=0\end{cases}$ 绕 y 轴旋转.
7. 求曲线 $\begin{cases}x^2+y^2-z=0\\ z=x+1\end{cases}$ 在三个坐标面上的投影曲线的方程.
8. 求曲线 $\begin{cases}x^2+y^2+4z^2=1\\ x^2=y^2+z^2\end{cases}$ 在 xOy 面上的投影方程.

9. 求通过曲线$\begin{cases}2x^2+y^2+z^2=16\\x^2-y^2+z^2=0\end{cases}$，而母线分别平行于 x 轴和 y 轴的柱面方程.

10. 分别求曲面 $x^2+y^2=2ax$ 和 $az=x^2+y^2(a>0)$ 以及它们的交线的柱坐标方程.

11. 分别求曲面 $x^2+y^2=3z^2(z\geqslant 0)$ 和 $z=1$ 以及它们的交线的球坐标方程.

第七节　二次曲面

由三元二次方程所确定的曲面称为二次曲面. 上节所介绍的球面、圆柱面、抛物柱面、双曲柱面及二次锥面都是二次曲面. 下面给出另外几种常见的二次曲面的标准方程，并用平行截割法研究这些曲面的形状(即用平行于坐标面的不同平面去截曲面)，从所截得的曲线的形状来判断方程所表示的曲面的形状.

一、椭球面

由方程

$$\frac{x^2}{a^2}+\frac{y^2}{b^2}+\frac{z^2}{c^2}=1$$

所确定的曲面称为椭球面.

如果用 $-z$ 替换方程中的 z，曲面方程与原来的相同，因而曲面关于 xOy 面是对称的. 同理，曲面关于 yOz 面和 zOx 面也是对称的. 即曲面关于三个坐标面都是对称的.

根据椭球面的方程显然有

$$\frac{x^2}{a^2}\leqslant 1,\ \frac{y^2}{b^2}\leqslant 1,\ \frac{z^2}{c^2}\leqslant 1,$$

故

$$-a\leqslant x\leqslant a,\ -b\leqslant y\leqslant b,\ -c\leqslant z\leqslant c,$$

这说明椭球面位于由平面 $x=\pm a, y=\pm b, z=\pm c$ 所围成的长方体内. 当 a,b,c 中有两个相等时，椭球面为旋转曲面.

用平行于 xOy 面的平面 $z=h(|h|\leqslant c)$ 去截椭球面，截得的曲线为

$$\begin{cases}\dfrac{x^2}{a^2}+\dfrac{y^2}{b^2}=1-\dfrac{h^2}{c^2},\\ z=h\end{cases}$$

我们将此曲线称为水平截痕. 如果 $|h|<c$，水平截痕为一个椭圆柱面与一个平面的交线，因而是一个椭圆，当 $|h|$ 由 0 变到 c 时，椭圆则由大变小，直至缩成一点 $(0,0,c)$ 或 $(0,0,-c)$.

用平行于 yOz 面或平行于 zOx 面的平面去截椭球面所得到的截痕(分别称为前视截痕和侧视截痕)与水平截痕类似. 综合起来就可以画出椭球面的图形(见图 2-46).

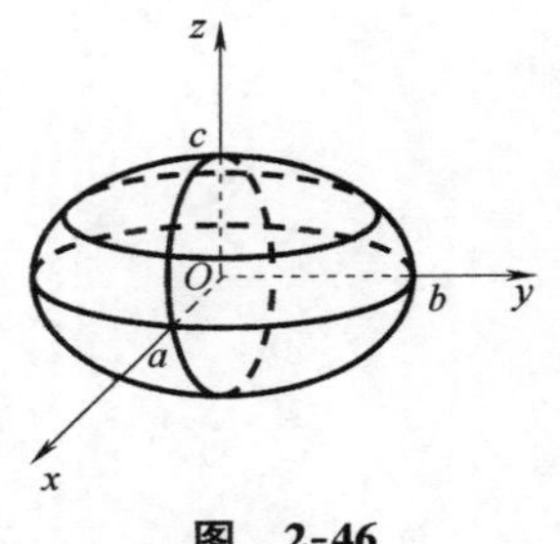

图　2-46

二、单叶双曲面

由方程

$$\frac{x^2}{a^2}+\frac{y^2}{b^2}-\frac{z^2}{c^2}=1$$

所确定的曲面称为单叶双曲面.

显然，单叶双曲面关于三个坐标面都对称.

用平面 $z=h$ 去截曲面得到的水平截痕为

$$\begin{cases}\frac{x^2}{a^2}+\frac{y^2}{b^2}=1+\frac{h^2}{c^2},\\ z=h\end{cases}$$

此曲线是一个椭圆柱面与一个平面的交线，因而是一个椭圆. 用平面 $y=h$ 去截曲面得到的侧视截痕为

$$\begin{cases}\frac{x^2}{a^2}-\frac{z^2}{c^2}=1-\frac{h^2}{b^2},\\ y=h\end{cases}$$

当 $|h|\neq b$ 时，它是一个母线平行于 y 轴的双曲柱面与一个平面的交线，因而是双曲线，并且当 $|h|<b$ 时，双曲线的实轴平行于 x 轴，虚轴平行于 z 轴；当 $|h|>b$ 时，双曲线的实轴平行于 z 轴，虚轴平行于 x 轴. 当 $|h|=b$ 时，由于 $\frac{x^2}{a^2}-\frac{z^2}{c^2}=1-\frac{h^2}{b^2}=0$ 是两个平行于 y 轴的平面，因此侧视截痕为两条相交的直线. 用平面 $x=h$ 去截曲面所得到的前视截痕与侧视截痕类似. 综合起来即可得知单叶双曲面的图形(见图 2-47).

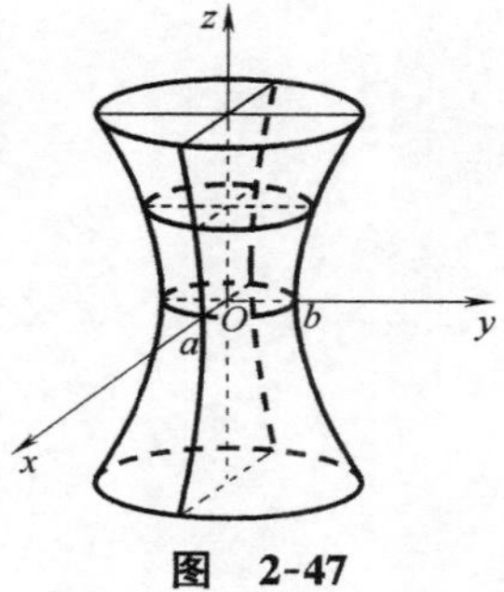

图　2-47

曲面 $\frac{x^2}{a^2}-\frac{y^2}{b^2}+\frac{z^2}{c^2}=1$ 与 $-\frac{x^2}{a^2}+\frac{y^2}{b^2}+\frac{z^2}{c^2}=1$ 也是单叶双曲面.

三、双叶双曲面

由方程

$$\frac{x^2}{a^2}+\frac{y^2}{b^2}-\frac{z^2}{c^2}=-1$$

所确定的曲面称为双叶双曲面.

双叶双曲面关于三个坐标面都是对称的. 由 $\frac{x^2}{a^2}+\frac{y^2}{b^2}=\frac{z^2}{c^2}-1$，有 $\frac{z^2}{c^2}\geqslant 1$，因此曲面位于 $z=c$ 上方及 $z=-c$ 下方.

用平面 $z=h(|h|\geqslant c)$ 去截曲面，所得水平截痕当 $|h|>c$ 时为椭圆，当 $|h|=c$ 时为一点. 用平面 $y=h$ 和 $x=h$ 去截曲面，所得侧视截痕和前视截痕都是实轴平行于 z 轴的双曲线. 综合起来，得到双叶双曲面的图形如图 2-48 所示.

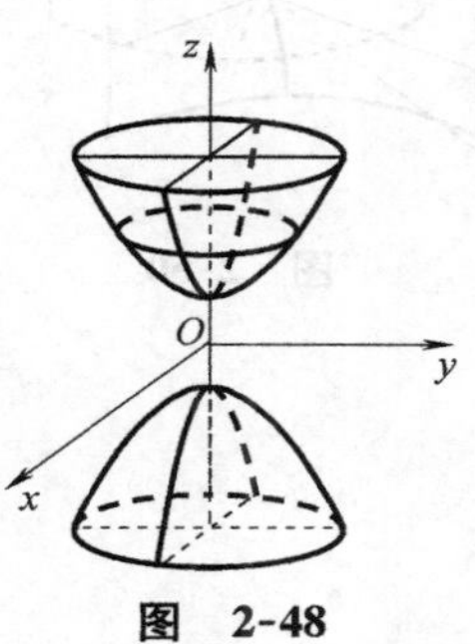

图　2-48

$$\frac{x^2}{a^2}-\frac{y^2}{b^2}+\frac{z^2}{c^2}=-1 \text{ 与 } -\frac{x^2}{a^2}+\frac{y^2}{b^2}+\frac{z^2}{c^2}=-1$$

所确定的曲面也是双叶双曲面.

四、椭圆抛物面

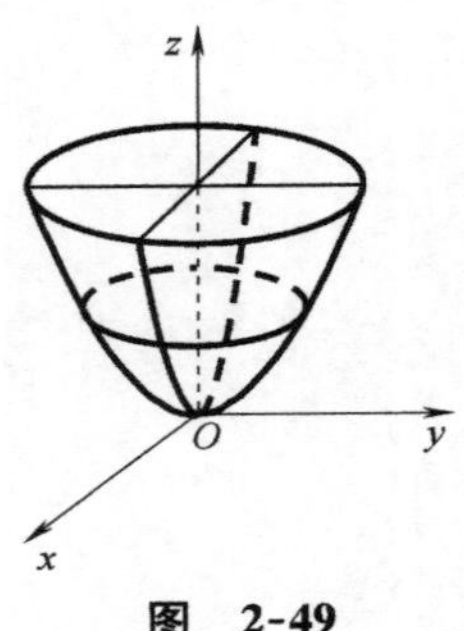

图 2-49

由方程

$$\frac{x^2}{a^2}+\frac{y^2}{b^2}=z$$

所确定的曲面称为椭圆抛物面.

椭圆抛物面经过原点，且关于 yOz 面和 zOx 面对称. 用平面 $z=h(h\geqslant 0)$ 去截曲面，所得水平截痕当 $h>0$ 时是椭圆，当 $h=0$ 时是一个点(即原点). 用平面 $y=h$ 和 $x=h$ 去截曲面，所得侧视截痕与前视截痕都是开口向上的抛物线. 椭圆抛物面的图形如图 2-49 所示.

由方程 $\frac{x^2}{a^2}+\frac{z^2}{c^2}=y$ 与 $\frac{y^2}{b^2}+\frac{z^2}{c^2}=x$ 所确定的曲面也是椭圆抛物面.

五、双曲抛物面

由方程

$$\frac{x^2}{a^2}-\frac{y^2}{b^2}=-z$$

所确定的曲面称为双曲抛物面.

双曲抛物面经过原点，且关于 yOz 面和 zOx 面对称.

用平面 $z=h$ 去截曲面，所得水平截痕为

$$\begin{cases}\frac{x^2}{a^2}-\frac{y^2}{b^2}=-h,\\ z=h\end{cases}$$

当 $h\neq 0$ 时，水平截痕是双曲线，并且当 $h>0$ 时，此双曲线的实轴平行于 y 轴，虚轴平行于 x 轴，当 $h<0$ 时，此双曲线的实轴平行于 x 轴，虚轴平行于 y 轴. 当 $h=0$ 时，水平截痕是两条相交于原点的直线. 用平面 $y=h$ 与 $x=h$ 去截曲面，所得侧视截痕与前视截痕分别为

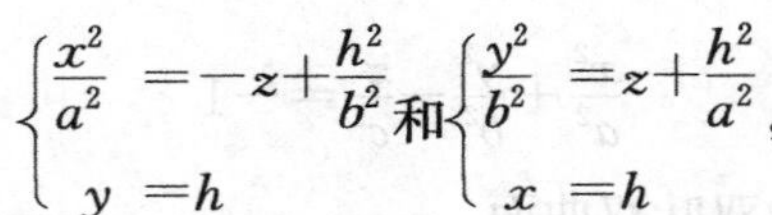

$$\begin{cases}\frac{x^2}{a^2}=-z+\frac{h^2}{b^2}\\ y=h\end{cases} 和 \begin{cases}\frac{y^2}{b^2}=z+\frac{h^2}{a^2},\\ x=h\end{cases}$$

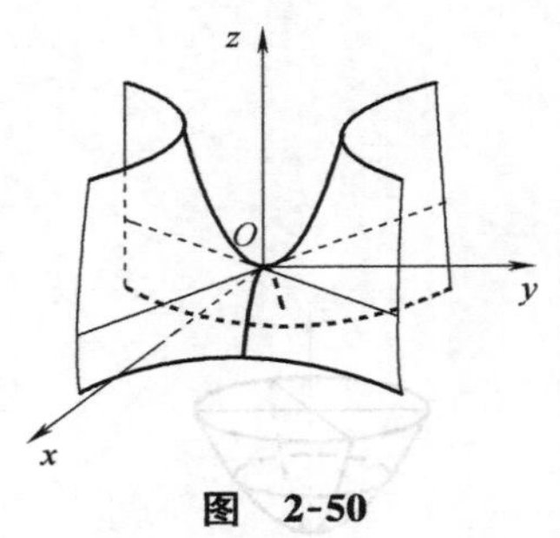

图 2-50

它们分别是开口向下的抛物线和开口向上的抛物线.

双曲抛物面的图形如图 2-50 所示. 由于这个曲面的形状像一个马鞍，所以它又被称为马鞍面.

习题 2-7

1. 说明下列曲面是什么形状，并画出草图.

(1) $4x^2-9y^2-16z^2=-25$；　(2) $4x^2-9y^2-16z^2=25$；

(3) $x^2-y^2=2x$；　(4) $y^2+z^2=2x$；

(5) $\frac{x^2}{2}+\frac{z^2}{4}=y^2$；　(6) $z=2-x^2-y^2$；

(7) $y-x^2+z^2=0$;

(8) $x^2+y^2+4z^2=2x+2y-8z$;

(9) $y=\sqrt{x^2+z^2}$;　　(10) $x=\sqrt{y^2+z^2+1}$.

2. 画出下列各组曲面所围成的立体的图形.

(1) $x=0,y=0,z=0,x=2,y=1,3x+4y+2z-12=0$;

(2) $x=0,y=0,z=0,x^2+y^2=1,y^2+z^2=1$ 在第一卦限内;

(3) $z=\sqrt{x^2+y^2},z=\sqrt{1-x^2-y^2}$;

(4) $z=x^2+y^2,z=1-x^2-y^2$.

第八节　综合例题

例 1　向量 $7\boldsymbol{a}-5\boldsymbol{b}$ 与 $7\boldsymbol{a}-2\boldsymbol{b}$ 分别垂直于向量 $\boldsymbol{a}+3\boldsymbol{b}$ 与 $\boldsymbol{a}-4\boldsymbol{b}$,求向量 $\boldsymbol{a}$ 与 $\boldsymbol{b}$ 的夹角.

解　由题设,有

$$\begin{cases}(7\boldsymbol{a}-5\boldsymbol{b})\cdot(\boldsymbol{a}+3\boldsymbol{b})=0\\(7\boldsymbol{a}-2\boldsymbol{b})\cdot(\boldsymbol{a}-4\boldsymbol{b})=0\end{cases},$$

即

$$\begin{cases}7\boldsymbol{a}^2+16\boldsymbol{a}\cdot\boldsymbol{b}-15\boldsymbol{b}^2=0\\7\boldsymbol{a}^2-30\boldsymbol{a}\cdot\boldsymbol{b}+8\boldsymbol{b}^2=0\end{cases},$$

解得

$$\boldsymbol{a}^2=2\boldsymbol{a}\cdot\boldsymbol{b},\boldsymbol{b}^2=2\boldsymbol{a}\cdot\boldsymbol{b},$$

$$|\boldsymbol{a}|=\sqrt{2\boldsymbol{a}\cdot\boldsymbol{b}},|\boldsymbol{b}|=\sqrt{2\boldsymbol{a}\cdot\boldsymbol{b}},$$

$$\cos\langle\boldsymbol{a},\boldsymbol{b}\rangle=\frac{\boldsymbol{a}\cdot\boldsymbol{b}}{|\boldsymbol{a}||\boldsymbol{b}|}=\frac{\boldsymbol{a}\cdot\boldsymbol{b}}{\sqrt{2\boldsymbol{a}\cdot\boldsymbol{b}}\sqrt{2\boldsymbol{a}\cdot\boldsymbol{b}}}=\frac{1}{2},$$

故

$$\langle\boldsymbol{a},\boldsymbol{b}\rangle=\frac{\pi}{3}.$$

例 2　设向量 $\boldsymbol{a}=\{-1,3,2\},\boldsymbol{b}=\{2,-3,-4\},\boldsymbol{c}=\{-3,12,6\}$,证明三向量 $\boldsymbol{a},\boldsymbol{b},\boldsymbol{c}$ 共面,并用 $\boldsymbol{a},\boldsymbol{b}$ 表示 $\boldsymbol{c}$.

解 1　由于$(\boldsymbol{a},\boldsymbol{b},\boldsymbol{c})=\begin{vmatrix}-1&3&2\\2&-3&-4\\-3&12&6\end{vmatrix}=0$,

所以 $\boldsymbol{a},\boldsymbol{b},\boldsymbol{c}$ 共面.

设 $\boldsymbol{c}=\lambda\boldsymbol{a}+\mu\boldsymbol{b}$,两端分别用 $\boldsymbol{a}$ 和 $\boldsymbol{b}$ 去点乘,得

$$\boldsymbol{a}\cdot\boldsymbol{c}=\lambda\boldsymbol{a}^2+\mu(\boldsymbol{a}\cdot\boldsymbol{b}),\boldsymbol{b}\cdot\boldsymbol{c}=\lambda(\boldsymbol{a}\cdot\boldsymbol{b})+\mu\boldsymbol{b}^2,$$

由于 $\boldsymbol{a}^2=14,\boldsymbol{b}^2=29,\boldsymbol{a}\cdot\boldsymbol{b}=-19,\boldsymbol{a}\cdot\boldsymbol{c}=51,\boldsymbol{b}\cdot\boldsymbol{c}=-66$,得

$$51=14\lambda-19\mu,-66=-19\lambda+29\mu,$$

解得 $\lambda=5,\mu=1$,故

$$\boldsymbol{c}=5\boldsymbol{a}+\boldsymbol{b}.$$

解 2　设 $\boldsymbol{c}=\lambda\boldsymbol{a}+\mu\boldsymbol{b}$,将 $\boldsymbol{a},\boldsymbol{b},\boldsymbol{c}$ 的坐标代入,得

$$\begin{cases}-\lambda+2\mu=-3\\3\lambda-3\mu=12\\2\lambda-4\mu=6\end{cases},$$

由前两个方程解得 $\lambda=5,\mu=1$，代入第三个方程也是满足的，故有

$$\boldsymbol{c}=5\boldsymbol{a}+\boldsymbol{b},$$

由于

$$(\boldsymbol{a},\boldsymbol{b},\boldsymbol{c})=(\boldsymbol{a}\times\boldsymbol{b})\cdot(5\boldsymbol{a}+\boldsymbol{b})=(\boldsymbol{a}\times\boldsymbol{b})\cdot 5\boldsymbol{a}+(\boldsymbol{a}\times\boldsymbol{b})\cdot\boldsymbol{b}=0,$$

因而 $\boldsymbol{a},\boldsymbol{b},\boldsymbol{c}$ 共面.

例 3 设 $\boldsymbol{a},\boldsymbol{b}$ 是两个非零向量，且 $|\boldsymbol{b}|=1$，$\langle\boldsymbol{a},\boldsymbol{b}\rangle=\frac{\pi}{3}$，求

$$\lim_{x\to 0}\frac{|\boldsymbol{a}+x\boldsymbol{b}|-|\boldsymbol{a}|}{x}.$$

解 $\lim\limits_{x\to 0}\frac{|\boldsymbol{a}+x\boldsymbol{b}|-|\boldsymbol{a}|}{x}=\lim\limits_{x\to 0}\frac{|\boldsymbol{a}+x\boldsymbol{b}|^2-|\boldsymbol{a}|^2}{x(|\boldsymbol{a}+x\boldsymbol{b}|+|\boldsymbol{a}|)}$

$=\lim\limits_{x\to 0}\frac{(\boldsymbol{a}+x\boldsymbol{b})\cdot(\boldsymbol{a}+x\boldsymbol{b})-\boldsymbol{a}^2}{x(|\boldsymbol{a}+x\boldsymbol{b}|+|\boldsymbol{a}|)}=\lim\limits_{x\to 0}\frac{2\boldsymbol{a}\cdot\boldsymbol{b}+x\boldsymbol{b}^2}{|\boldsymbol{a}+x\boldsymbol{b}|+|\boldsymbol{a}|}$

$=\frac{2\boldsymbol{a}\cdot\boldsymbol{b}}{2|\boldsymbol{a}|}=\frac{|\boldsymbol{a}||\boldsymbol{b}|\cos\langle\boldsymbol{a},\boldsymbol{b}\rangle}{|\boldsymbol{a}|}=\frac{1}{2}.$

例 4 求过直线 $L:\begin{cases}x+28y-2z+17=0\\5x+8y-z+1=0\end{cases}$，且与球面 $x^2+y^2+z^2=1$ 相切的平面方程.

解 用平面束求解比较方便. 设所求平面的方程为

$$x+28y-2z+17+\lambda(5x+8y-z+1)=0,$$

即

$$(1+5\lambda)x+(28+8\lambda)y-(2+\lambda)z+17+\lambda=0,$$

由题设，球心(0,0,0)到此平面的距离为1，故有

$$\frac{|17+\lambda|}{\sqrt{(1+5\lambda)^2+(28+8\lambda)^2+(-2-\lambda)^2}}=1,$$

解得

$$\lambda=-\frac{250}{89}\text{或}\lambda=-2,$$

故所求平面为

$$387x-164y-24z=421$$

或

$$3x-4y=5.$$

例 5 设平面 $\pi: x+y+z+1=0$ 与直线 $L_1:\begin{cases}x+2z=0\\y+z+1=0\end{cases}$ 的交点为 M_0 在平面 π 上求直线 L，使它过点 M_0，且与直线 L_1 垂直.

解 解由平面 π 与直线 L_1 组成的方程组

$$\begin{cases}x+y+z+1=0\\x+2z=0,\\y+z+1=0\end{cases}$$

得 $x=0,y=-1,z=0$，则直线 L_1 与平面 π 的交点为 $M_0(0,-1,0)$. 设直线 L,L_1 的方向向量分别为 $\boldsymbol{s},\boldsymbol{s}_1$，平面 π 的法向量为 $\boldsymbol{n}$，由题意，$\boldsymbol{s}$ 同时垂直于 $\boldsymbol{s}_1$ 和 $\boldsymbol{n}$，由于

$$\boldsymbol{s}_1=\{1,0,2\}\times\{0,1,1\}=\{-2,-1,1\},$$

$$\boldsymbol{n}=\{1,1,1\},$$

s_1 与 n 不平行，因而可取

$$s=s_1\times n=\{-2,-1,1\}\times\{1,1,1\}=\{-2,3,-1\},$$

因此直线 L 的方程为

$$\frac{x}{-2}=\frac{y+1}{3}=\frac{z}{-1}.$$

例 6　求过点 $M(-1,0,4)$，且与直线 $L:x+1=y-3=\frac{z}{2}$ 垂直相交的直线方程.

解　如图 2-51 所示，过点 M 作与已知直线 L 垂直的平面 π，其方程为

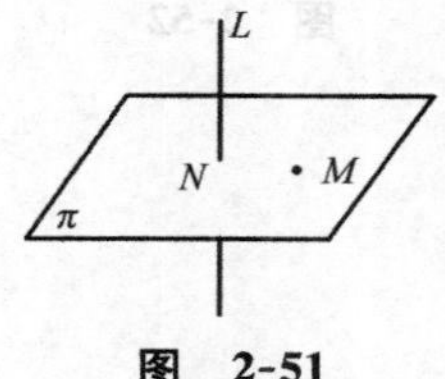

图　2-51

$$(x+1)+y+2(z-4)=0,$$

即
$$x+y+2z-7=0,$$

则直线 L 与平面 π 的交点 N 即为 L 与所求直线的交点，解方程组

$$\begin{cases}x+y+2z-7=0\\x+1=y-3\\x+1=\dfrac{z}{2}\end{cases},$$

得 $x=-\frac{1}{6},y=\frac{23}{6},z=\frac{10}{6}$，因而得 $N\left(-\frac{1}{6},\frac{23}{6},\frac{10}{6}\right)$，取

$$s=\overrightarrow{MN}=\left\{\frac{5}{6},\frac{23}{6},-\frac{14}{6}\right\}=\frac{1}{6}\{5,23,-14\},$$

则所求直线的方程为

$$\frac{x+1}{5}=\frac{y}{23}=\frac{z-4}{-14}.$$

例 7　试求过两点 $A(-2,0,0)$ 和 $B(0,-2,0)$，且与锥面 $x^2+y^2=z^2$ 交成抛物线的平面方程.

解　过 A,B 两点的直线方程为

$$\frac{x+2}{2}=\frac{y}{-2}=\frac{z}{0},$$

即
$$\begin{cases}x+y+2=0\\z=0\end{cases},$$

设所求平面的方程为

$$x+y+2+\lambda z=0,$$

其法向量为 $n=(1,1,\lambda)$，由题意，此平面与 xOy 面的夹角应为 $\frac{\pi}{4}$，故 n 与 $k=\{0,0,1\}$ 的夹角为 $\frac{\pi}{4}$，因而有

$$\cos\langle n,k\rangle=\frac{|n\cdot k|}{|n||k|}=\frac{|\lambda|}{\sqrt{1^2+1^2+\lambda^2}}=\frac{\sqrt{2}}{2},$$

解得 $\lambda=\pm\sqrt{2}$，于是所求平面为

$$x+y\pm\sqrt{2}z+2=0.$$

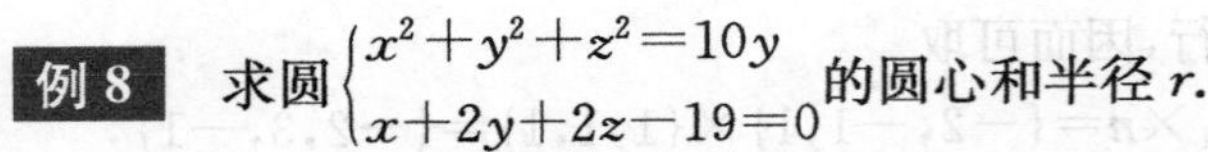

例 8　求圆$\begin{cases}x^2+y^2+z^2=10y\\x+2y+2z-19=0\end{cases}$的圆心和半径 r.

解　如图 2-52 所示，圆是一个球面与一个平面的交线，将球面方程化成标准形式

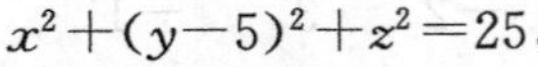

$$x^2+(y-5)^2+z^2=25,$$

过球心 $A(0,5,0)$，且与平面

$$x+2y+2z-19=0$$

垂直的直线 L 的方程为

$$x=\frac{y-5}{2}=\frac{z}{2},$$

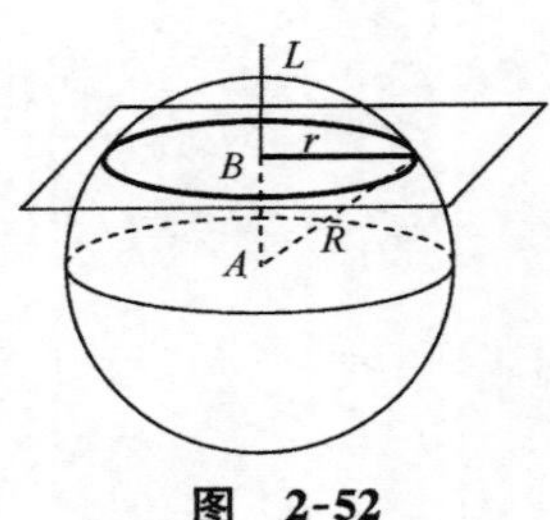

图　2-52

则平面与直线 L 的交点 B 即为所求圆心，

解方程组
$$\begin{cases}x=\dfrac{y-5}{2}=\dfrac{z}{2}\\x+2y+2z-19=0\end{cases},$$

得 $x=1,y=7,z=2$，故所求圆心为 $B(1,7,2)$，由于球面的半径 $R=5$，$AB=3$，根据勾股定理，得

$$r=\sqrt{R^2-AB^2}=\sqrt{5^2-3^2}=4.$$

例 9　已知直线 L：$\dfrac{x-1}{1}=\dfrac{y}{1}=\dfrac{z-1}{-1}$，平面 π：$x-y+2z-1=0$，求直线 L 在平面 π 上的投影直线 L_0 的方程.

解　将直线 L 的方程化成一般式，得

$$\begin{cases}x-y-1=0\\z+y-1=0\end{cases},$$

过直线 L 的平面束方程为

$$x-y-1+\lambda(z+y-1)=0,$$

即
$$x+(-1+\lambda)y+\lambda z-1-\lambda=0,$$

当此平面与平面 π 垂直时，有

$$\{1,-1,2\}\cdot\{1,-1+\lambda,\lambda\}=2+\lambda=0,$$

得 $\lambda=-2$，因此过直线 L 且与平面 π 垂直的平面 π_1 的方程为

$$x-3y-2z+1=0,$$

平面 π_1 与平面 π 的交线即为直线 L 在平面 π 上的投影直线 L_0，于是得

$$L_0:\begin{cases}x-3y-2z+1=0\\x-y+2z-1=0\end{cases}.$$

例 10　已知直线 L_1：$\dfrac{x-9}{4}=\dfrac{y+2}{-3}=\dfrac{z}{1}$，

L_2：$\dfrac{x}{-2}=\dfrac{y+7}{9}=\dfrac{z-2}{2}$，证明 L_1 与 L_2 是异面直线，并求 L_1 与 L_2 之间的距离 $d(L_1,L_2)$.

证　设直线 L_1,L_2 的方向向量分别为 $\boldsymbol{s}_1,\boldsymbol{s}_2$，在 L_1,L_2 上各取一点 $P_1(9,-2,0)$ 和 $P_2(0,-7,2)$，由于

$$(s_1,s_2,\overrightarrow{P_1P_2})=\begin{vmatrix}4 & -3 & 1\\ -2 & 9 & 2\\ 0-9 & -7-(-2) & 2-0\end{vmatrix}=245\neq 0,$$

故直线 L_1 与 L_2 是异面直线.

下面分别用三种方法求 $d(L_1,L_2)$.

方法 1　记 $\boldsymbol{n}=\boldsymbol{s}_1\times\boldsymbol{s}_2$,有

$$\boldsymbol{n}=\{4,-3,1\}\times\{-2,9,2\}=-5\{3,2,-6\},$$

又
$$\overrightarrow{P_1P_2}=\{-9,-5,2\},$$

则
$$d(L_1,L_2)=|(\overrightarrow{P_1P_2})_{\boldsymbol{n}}|=\frac{|\overrightarrow{P_1P_2}\cdot\boldsymbol{n}|}{|\boldsymbol{n}|}=\frac{245}{35}=7.$$

方法 2　记 $\boldsymbol{n}=\boldsymbol{s}_1\times\boldsymbol{s}_2$,有

$$\boldsymbol{n}=\{4,-3,1\}\times\{-2,9,2\}=-5\{3,2,-6\},$$

设 π 为过 L_1 且与 L_2 平行的平面,则 $\boldsymbol{n}$ 为平面 π 的法向量,因而 π 的方程为

$$3(x-9)+2(y+2)-6(z-0)=0,$$

即
$$3x+2y-6z-23=0,$$

于是 L_1 与 L_2 之间的距离等于直线 L_2 到平面 π 的距离,也就是点 P_2 到平面 π 的距离,故

$$d(L_1,L_2)=\frac{|3\times 0+2\times(-7)-6\times 2-23|}{\sqrt{3^2+2^2+(-6)^2}}=7.$$

方法 3　如图 2-53 所示,以三向量 $\boldsymbol{s}_1,\boldsymbol{s}_2,\overrightarrow{P_1P_2}$ 为棱的平行六面体的高即为直线 L_1 与 L_2 之间的距离,由于此平行六面体的体积为

$$V=|(\boldsymbol{s}_1,\boldsymbol{s}_2,\overrightarrow{P_1P_2})|=245,$$

并且其底面积为

$$S=|\boldsymbol{s}_1\times\boldsymbol{s}_2|=|-5\{3,2,-6\}|=35,$$

故
$$d(L_1,L_2)=\frac{V}{S}=\frac{245}{35}=7.$$

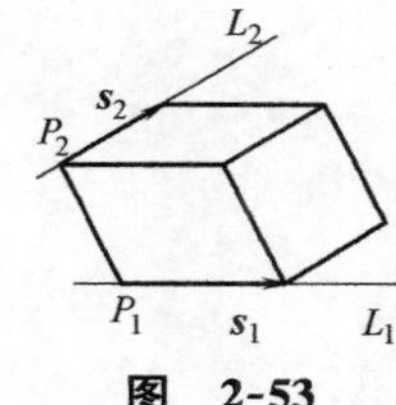

图　2-53

习题 2-8

1. 已知向量 $\boldsymbol{a},\boldsymbol{b},\boldsymbol{c}$ 具有相等的模,且两两所成的角相等,如果 $\boldsymbol{a}=\{1,1,0\}$,$\boldsymbol{b}=\{0,1,1\}$,试求向量 $\boldsymbol{c}$.
2. 设向量 $\boldsymbol{a},\boldsymbol{b},\boldsymbol{c}$ 均为单位向量,且满足 $\boldsymbol{a}+\boldsymbol{b}+\boldsymbol{c}=\boldsymbol{0}$,求 $\boldsymbol{a}\cdot\boldsymbol{b}+\boldsymbol{b}\cdot\boldsymbol{c}+\boldsymbol{c}\cdot\boldsymbol{a}$.
3. 设 $(\boldsymbol{a}\times\boldsymbol{b})\cdot\boldsymbol{c}=2$,求 $[(\boldsymbol{a}+\boldsymbol{b})\times(\boldsymbol{b}+\boldsymbol{c})]\cdot(\boldsymbol{c}+\boldsymbol{a})$.
4. 以向量 $\boldsymbol{a}$ 与 $\boldsymbol{b}$ 为邻边作平行四边形,试用 $\boldsymbol{a}$ 与 $\boldsymbol{b}$ 表示 $\boldsymbol{a}$ 边上的高向量.
5. 设向量 $\boldsymbol{a}=\{2,-3,1\}$,$\boldsymbol{b}=\{1,-2,3\}$,$\boldsymbol{c}=\{2,1,2\}$,向量 $\boldsymbol{r}$ 满足条件:$\boldsymbol{r}\perp\boldsymbol{a}$,$\boldsymbol{r}\perp\boldsymbol{b}$,$(\boldsymbol{r})_{\boldsymbol{c}}=14$,求向量 $\boldsymbol{r}$.
6. 已知点 $A(1,0,0)$ 和 $B(0,2,1)$,试在 z 轴上求一点 C,使得

$\triangle ABC$ 的面积最小.

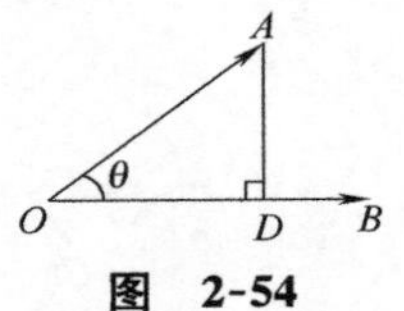

图　2-54

7. 如图 2-54 所示,已知向量$\overrightarrow{OA}=\boldsymbol{a}$,$\overrightarrow{OB}=\boldsymbol{b}$,$\angle ODA=\frac{\pi}{2}$.

(1)求$\triangle ODA$ 的面积;

(2)当 $\boldsymbol{a}$ 与 $\boldsymbol{b}$ 间的夹角 θ 为何值时,$\triangle ODA$ 的面积最大?

8. 求点$(3,-1,-1)$关于平面 $6x+2y-9z+96=0$ 的对称点.

9. 求过直线$\begin{cases}x+5y+z=0\\x-z+4=0\end{cases}$,且与平面 $x-4y-8z+12=0$ 的夹角为$\frac{\pi}{4}$的平面方程.

10. 设一平面垂直于平面 $z=0$,并通过从点$(1,-1,1)$到直线$\begin{cases}y-z+1=0\\x=0\end{cases}$的垂线,求平面的方程.

11. 一平面通过平面 $4x-y+3z-6=0$ 与 $x+5y-z+10=0$ 的交线,且垂直于平面 $2x-y+5z-5=0$,试求其方程.

12. 求平行于平面 $2x+y+2z+5=0$ 且与三坐标面围成的四面体的体积为 1 的平面方程.

13. (1)求点$(-1,2,0)$在平面 $x+2y-z+1=0$ 上的投影;

(2)求点$(2,3,1)$在直线 $x+7=\frac{y+2}{2}=\frac{z+2}{3}$上的投影.

14. 求过点$(-1,0,4)$,且平行于平面 $3x-4y+z-10=0$,又与直线$\frac{x+1}{1}=\frac{y-3}{1}=\frac{z}{2}$相交的直线方程.

15. 求曲线$\begin{cases}z=2-x^2-y^2\\z=(x-1)^2+(y-1)^2\end{cases}$在 xOy 面上的投影曲线 C_{xy} 的方程以及 C_{xy}绕 y 轴旋转一周所成旋转曲面的方程.

16. 设一直线过点$(2,-1,2)$且与两条直线 L_1:$\frac{x-1}{1}=\frac{y-1}{0}=\frac{z-1}{1}$,$L_2$:$\frac{x-2}{1}=\frac{y-1}{1}=\frac{z+3}{-3}$都相交,求此直线的方程.

17. 证明:直线$\frac{x-2}{3}=y+2=\frac{z-3}{-4}$在平面 $x+y+z=3$ 上.

18. 求两平行直线$\frac{x-1}{1}=\frac{y+1}{2}=\frac{z}{1}$和$\frac{x-2}{1}=\frac{y+1}{2}=\frac{z-1}{1}$之间的距离.

19. 证明:两直线 $x-2=\frac{y-2}{3}=z-3$ 与 $x-2=\frac{y-3}{4}=\frac{z-4}{2}$是相交的.

20. 证明:三平面 $x+2y-z+3=0$,$3x-y+2z+1=0$,$2x-3y+3z-2=0$ 共线.

21. 求通过圆周 $x^2+y^2+z^2-13=0$,$x^2+y^2+z^2-3x-4=0$ 及点$(1,-2,3)$的球面的方程.

部分习题参考答案

第一章

习题 1-1

1.(1) 2 阶； (2) 1 阶； (3) 1 阶； (4) 3 阶.

2.略.

3.(1) $y'=x^2$； (2) $2xyy'-y^2+x^2=0$；

(3) $yy'+2x=0$； (4) $x^2(1+(y')^2)=4, y|_{x=2}=0$；

(5) $2xy'-y=0, y|_{x=3}=1$.

习题 1-2

1.(1) $x^2+y^2-\ln x^2=C$； (2) $\sqrt{1+x^2}+\sqrt{1+y^2}=C$；

(3) $y=e^{Cx}$； (4) $\arcsin y=\arcsin x+C$；

(5) $10^{-y}+10^x=C$； (6) $(e^x+1)(e^y-1)=C$；

(7) $3x^4+4(y+1)^3=C$； (8) $\dfrac{1}{y}=\ln|x|+C$；

(9) $\sin x\sin y=C$； (10) $y^2-1=C(1+x^2)$；

(11) $y^2+1=C\left(\dfrac{x-1}{x+1}\right)$； (12) $y(x+\sqrt{x^2+1})=C$.

2.(1) $y^2=2\ln(1+e^x)+1-2\ln(1+e)$；

(2) $3x^2+2x^3-3y^2-2y^3+5=0$；

(3) $y=e^{\csc x-\cot x}$； (4) $y(1+x)=1$；

(5) $(1+e^x)\sec y=2\sqrt{2}$； (6) $x^2+\arctan^2 y=\dfrac{\pi^2}{16}$.

3.(1) $\arctan\dfrac{y}{x}-\dfrac{1}{2}\ln(x^2+y^2)=C$；

(2) $(x^2+y^2)^3=Cx^2$； (3) $y=xe^{Cx+1}$；

(4) $y=xe^{Cx}$； (5) $y=x\arcsin(C-\ln|x|)$；

(6) $x-\sqrt{xy}=C$； (7) $x+2ye^{\frac{x}{y}}=C$.

4.(1) $y(x+y)=2x$； (2) $y^2=2x^2(\ln|x|+2)$；

(3) $x^2+y^2=x+y$.

5.(1) $2\arctan\dfrac{y+2}{x-3}=-\ln|y+2|-C$；

(2) $\tan(x-y+1)=x+C$； (3) $y=\tan(x+C)-x$；

(4) $(4y-x-3)(y+2x-3)^2=C$；

(5) $x+3y+2\ln|x+y-2|=C$.

6.(1) $y=Ce^{-x}+\dfrac{1}{2}(\sin x+\cos x)$； (2) $y=e^{-x^2}\left(\dfrac{x^2}{2}+C\right)$；

(3) $x=\frac{y^4}{2}+Cy^2$；　(4) $y=(x^2+1)(x+C)$；

(5) $y=(\tan x-1)+Ce^{-\tan x}$；　(6) $y=\frac{1}{2}\ln x+\frac{C}{\ln x}$；

(7) $y=Cx+x\ln|\ln x|$；　(8) $x=e^y(y+C)$；

(9) $y^2-2x=Cy^3$.

7. (1) $y=\frac{1}{x}(e^x+ab-e^a)$；　(2) $y=\frac{x}{\cos x}$；

(3) $y=\frac{\pi-1-\cos x}{x}$；　(4) $y=x+\sqrt{1-x^2}$.

8. (1) $\frac{1}{y}=-\sin x+Ce^x$；　(2) $\frac{1}{y^4}=-x+\frac{1}{4}+Ce^{-4x}$；

(3) $\frac{x^2}{y^2}=-\frac{2}{3}x^3\left(\frac{2}{3}+\ln x\right)+C$；

(4) $y^2=Ce^{2x}-\left(x^2+x+\frac{1}{2}\right)$；

(5) $x\left(Ce^{-\frac{y^2}{2}}-y^2+2\right)=1$.

9. (1) $2x^2y^2\ln|y|-2xy-1=Cx^2y^2$(提示：令 $u=xy$)；

(2) $y^3=-\frac{1}{a^2}(ax+1+a)+Ce^{ax}$，当 $a\neq0$ 时；$y^3=\frac{1}{2}x^2+x+C$，当 $a=0$ 时(提示：令 $u=y^3$)；

(3) $(\sin y)^{-2}=Ce^{2x}+2$(提示：令 $u=\sin y$)；

(4) $\tan y=\frac{1}{3}(1+x^2)+\frac{C}{\sqrt{1+x^2}}$(提示：令 $u=\tan y$)；

(5) $e^y=Ce^{-x}+2(\sin x-\cos x)$(提示：令 $u=e^y$)；

(6) $x[\csc(x+y)-\cot(x+y)]=C$(提示：令 $u=x+y$).

习题 1-3

1. (1) $y=C_1x^2+C_2$；　(2) $4(C_1y-1)=C_1^2(x+C_2)^2$；

(3) $y=\frac{1}{6}x^3-\sin x+C_1x+C_2$；　(4) $y=C_1e^x-\frac{1}{2}x^2-x+C_2$；

(5) $y=-\ln|\cos(x+C_1)|+C_2$；

(6) $C_1y^2-1=(C_1x+C_2)^2$；

(7) $y=C_1\ln|x|+C_2$；　(8) $y=\arcsin(C_2e^x)+C_1$；

(9) $y=C_1(x-e^{-x})+C_2$；

(10) $y=C_1x\ln|x|+\frac{1}{2}x^2+C_2x+C_3$；

(11) $y=C_1e^x+C_2x+C_3$.

2. (1) $y=\sqrt{2x-x^2}$；

(2) $y=-\frac{1}{a}\ln|ax+1|$，当 $a\neq0$ 时；$y=-x$，当 $a=0$ 时；

(3) $y=\ln|\sec x|$；　(4) $y=\left(\frac{1}{2}x+1\right)^4$；

(5) $y=\ln\operatorname{ch}x$; (6) $y=\frac{1}{12}x^4-\frac{1}{2}x^2+\frac{2}{3}$.

3. $y=\frac{1}{6}x^3+\frac{1}{2}x+1$.

习题 1-4

1. $y=C_1e^{x^2}+C_2xe^{x^2}$.
2. $y=C_1(x-1)+C_2(x^2-1)+1$.
3. $y=e^x-x^2-x-1$.
4. (1) $y=C_1e^x+C_2(2x+1)$; (2) $y=C_1+C_2x^2$.
5. $y=C_1x+C_2x\ln|x|+\frac{x}{2}\ln^2|x|$.
6. $y=C_1x+C_2x^2+x^3$.

习题 1-5

1. (1) $y=C_1e^{-5x}+C_2e^{-3x}$; (2) $y=(C_1+C_2x)e^{-3x}$;
   (3) $y=e^{-2x}(C_1\cos x+C_2\sin x)$; (4) $s=C_1+C_2e^{2t}$;
   (5) $x=(C_1+C_2t)e^{\frac{5}{2}t}$; (6) $y=C_1\cos x+C_2\sin x$.
2. (1) $y=(1+3x)e^{-2x}$; (2) $y=2\cos\frac{3}{2}x-\frac{2}{3}\sin\frac{3}{2}x$;
   (3) $y=4e^x+2e^{3x}$; (4) $y=e^{-x}-e^{4x}$;
   (5) $y=e^{2x}\sin 3x$.
3. (1) $y=C_1e^x+e^{-\frac{x}{2}}\left(C_2\cos\frac{\sqrt{3}}{2}x+C_3\sin\frac{\sqrt{3}}{2}x\right)$;
   (2) $y=C_1e^x+C_2e^{\frac{1}{2}(\sqrt{5}-1)x}+C_3e^{-\frac{1}{2}(\sqrt{5}+1)x}$;
   (3) $y=(C_1+C_2x+C_3x^2)e^{-x}$;
   (4) $y=C_1e^x+C_2e^{-x}+C_3\cos x+C_4\sin x$;
   (5) $y=(C_1+C_2x)\cos x+(C_3+C_4x)\sin x$.
4. $y=C_1\cos x+C_2\sin x+\cos x\ln|\cos x|+x\sin x$.

习题 1-6

1. (1) $y=C_1e^{3x}+C_2e^{4x}+\frac{x}{12}+\frac{7}{144}$;
   (2) $y=C_1+C_2e^{3x}+x^2$;
   (3) $y=C_1e^{-x}+C_2e^{\frac{x}{2}}+e^x$;
   (4) $y=C_1e^x+C_2e^{2x}+3xe^{2x}$;
   (5) $y=C_1\cos x+C_2\sin x-\frac{1}{3}\cos 2x$;
   (6) $y=C_1\cos x+C_2\sin x-\frac{x}{2}\cos x$;
   (7) $y=C_1\cos 2x+C_2\sin 2x+\frac{x}{3}\cos x+\frac{2}{9}\sin x$;
   (8) $y=(C_1+C_2x)e^{3x}+\frac{1}{6}x^2(x+3)e^{3x}$;

(9) $y=(C_1\cos2x+C_2\sin2x)\mathrm{e}^x-\frac{x}{4}\mathrm{e}^x\cos2x$;

(10) $y=C_1\mathrm{e}^x+C_2\mathrm{e}^{-x}-\frac{1}{2}+\frac{1}{10}\cos2x$;

(11) $y=C_1\cos x+C_2\sin x+\frac{\mathrm{e}^x}{2}+\frac{x}{2}\sin x$;

(12) $y=C_1\mathrm{e}^{-x}+C_2\mathrm{e}^x+C_3\cos2x+C_4\sin2x+\frac{x}{10}\mathrm{e}^x$;

(13) $y=C_1\cos x+C_2\sin x+\frac{x}{4}\sin x-\frac{1}{16}\cos3x$.

2. (1) $y=-5\mathrm{e}^x+\frac{7}{2}\mathrm{e}^{2x}+\frac{5}{2}$;

(2) $y=\frac{34}{27}\mathrm{e}^x-\frac{7}{27}\mathrm{e}^{-2x}+\left(\frac{x^2}{6}+\frac{2x}{9}\right)\mathrm{e}^x$;

(3) $y=\frac{1}{2}(\cos2x+\sin2x+3x\sin2x+3)$.

3. (1) $y=C_1x+\frac{C_2}{x}$;

(2) $y=x(C_1+C_2\ln|x|)+x\ln^2|x|$;

(3) $y=C_1x+C_2x^2+\frac{1}{2}(\ln^2x+\ln x)+\frac{1}{4}$;

(4) $y=C_1r^{-n-1}+C_2r^n$;

(5) $y=C_1\cos\ln x+C_2\sin\ln x-\ln x\cdot\cos\ln x$;

(6) $y=(C_1+C_2\ln x)x+\frac{x}{2}\ln^2x+\frac{1}{4x}$.

4. (1) $\begin{cases}x=-\frac{1}{2}(\sin t+\cos t)+\mathrm{e}^t\left(C_1+\frac{C_2}{2}+C_2t\right),\\ y=-\sin t+\mathrm{e}^t(C_1+C_2t);\end{cases}$

(2) $\begin{cases}x=C_1\cos t+C_2\sin t+3,\\ y=-C_1\sin t+C_2\cos t;\end{cases}$

(3) $\begin{cases}x=C_1\mathrm{e}^t+C_2\mathrm{e}^{6t}+\frac{1}{2}\mathrm{e}^{2t},\\ y=C_1\mathrm{e}^t-\frac{3}{2}C_2\mathrm{e}^{6t}-\frac{1}{4}\mathrm{e}^{2t};\end{cases}$

(4) $\begin{cases}x=C_1\mathrm{e}^t+C_2t\mathrm{e}^t-3t-7,\\ y=-C_1\mathrm{e}^t-C_2\left(t+\frac{1}{2}\right)\mathrm{e}^t+t+5.\end{cases}$

5. (1) $\begin{cases}x=\frac{1}{2}\mathrm{e}^t(\sin t-\cos t)+\frac{1}{2},\\ y=\frac{1}{2}\mathrm{e}^t(\sin t+\cos t)-\frac{1}{2};\end{cases}$

(2) $\begin{cases}x=\cos t,\\ y=\sin t;\end{cases}$

(3) $\begin{cases} x=2\cos t-4\sin t-\dfrac{1}{2}e^t, \\ y=14\sin t-2\cos t+2e^t; \end{cases}$

(4) $\begin{cases} x=\dfrac{1}{2}(e^t+e^{-3t}), \\ y=-\dfrac{1}{2}(e^t-3e^{-3t}). \end{cases}$

习题 1-7

1. (1) $(x-4)y^4=Cx$； (2) $x=\dfrac{C}{y^2}+\ln y-\dfrac{1}{2}$；

(3) $y=\dfrac{1}{C_1}\mathrm{ch}(C_1x+C_2)$；

(4) 当 $a\neq 1, y=C_1\cos ax+C_2\sin ax+\dfrac{1}{a^2-1}\sin x$,

当 $a=1, y=C_1\cos x+C_2\sin x-\dfrac{x}{2}\cos x$；

(5) $y=C_1e^x+C_2e^{2x}+\dfrac{e^{-x}}{5}(\cos x-\sin x)+(x+2x^2)e^{2x}$；

(6) $y=\dfrac{C_1}{x}+\dfrac{C_2}{x^2}$.

2. (1) $y=\dfrac{\sin x-1}{x^2-1}$； (2) $y\arcsin x=x-\dfrac{1}{2}$；

(3) $y=\dfrac{1}{2}(x^2-1)$； (4) $x(1+\ln y^2)-y^2=0$；

(5) $y=2\arctan e^x$； (6) $y=\sqrt{x+1}$；

(7) $y=xe^{-x}+\dfrac{1}{2}\sin x$.

3. $y=\begin{cases} e^{2x}-1, & x\leqslant 1, \\ (1-e^{-2})e^{2x}, & x>1. \end{cases}$

4. $\begin{cases} x=(C_1+C_2t)e^{-t}+\dfrac{1}{2}t, \\ y=-(C_1+C_2+C_2t)e^{-t}-\dfrac{1}{2}. \end{cases}$

5. $y'''+y''-y'-y=0$.

6. $\dfrac{d^2y}{dt^2}+y=0, y=-2\cos t+\sin t$.

7. 2.

8. $y=\dfrac{x^3}{6}-\sin x+2x$.

9. $y=e^x-e^{-x}$.

10. $y=\dfrac{1}{3}x^2$.

11. $xy=6$.

12. $y=3x-x^2$.

13. $x=y-\frac{1}{y}$.

14. $y=\sqrt{3x-x^2}\quad(0<x<3)$.

15. $f(x)=C_1\ln x+C_2$.

16. $y=\frac{2}{\sqrt{x}}$.

17. $y=\ln\left|\cos\left(\frac{\pi}{4}-x\right)\right|+1+\frac{1}{2}\ln 2$.

18. $y=\mathrm{e}^x$.

19. $\frac{\mathrm{d}y}{\mathrm{d}x}=3\left(\frac{y}{x}\right)^2-2\frac{y}{x},y=\frac{x}{1+x^3}$.

20. $f(x)=3\mathrm{e}^{3x}-2\mathrm{e}^{2x}$.

21. $\varphi(x)=\cos x+\sin x$.

22. $\varphi(x)=\frac{1}{2}(\cos x+\sin x+\mathrm{e}^x)$.

23. $f(x)=\mathrm{e}^{-2x}+x\mathrm{e}^{-x}$.

24. $y=-7\mathrm{e}^{-2x}+8\mathrm{e}^{-x}+3x(x-2)\mathrm{e}^{-x}$.

习题 1-8

1. 1524 万.

2. $\frac{40}{3}(\mathrm{s})$.

3. 32 万.

4. 2949 年前.

5. $x=\frac{Nx_0\mathrm{e}^{kNt}}{N-x_0+x_0\mathrm{e}^{kNt}}$.

6. $\begin{cases}\frac{\mathrm{d}^2s}{\mathrm{d}t^2}=10-\frac{1}{25}s,\\ s|_{t=0}=0,\left.\frac{\mathrm{d}s}{\mathrm{d}t}\right|_{t=0}=0,\end{cases}\quad s=250\left(1-\cos\frac{t}{5}\right)$.

7. $t=50(\mathrm{s}),s=500(\mathrm{m})$.

8. $v=\frac{mg}{k}\left(1-\mathrm{e}^{-\frac{k}{m}t}\right)$

9. $\frac{\mathrm{d}^2x}{\mathrm{d}t^2}=k_1x-k_2\frac{\mathrm{d}x}{\mathrm{d}t},x(0)=0,\left.\frac{\mathrm{d}x}{\mathrm{d}t}\right|_{t=0}=v_0$.

10. $t=\frac{1}{kv_0}$.

11. $t=\sqrt{\frac{10}{g}}\ln(5+2\sqrt{6})$.

12. $v(60)=\sqrt{20\times 60^2+500}\approx 269.3(\mathrm{cm/s})$.

13. $\frac{3}{4000\times\ln 2.5}\approx 0.0008185(\mathrm{s})$.

14. $\sqrt{2\lambda g\times 10}=\sqrt{2\times 1.02\times 9.81\times 10}\approx 14.15(\mathrm{m/s})\approx 50.9(\mathrm{km/h})$.

15. 195(kg).

16. $\begin{cases} x=v_0\cos\alpha\cdot t, \\ y=v_0\sin\alpha\cdot t-\dfrac{1}{2}gt^2. \end{cases}$

17. $\begin{cases} m\dfrac{\mathrm{d}^2y}{\mathrm{d}t^2}=mg-B\rho g-kv, \\ y|_{t=0}=0,\dfrac{\mathrm{d}y}{\mathrm{d}t}\Big|_{t=0}=0, \end{cases}$ $y=-\dfrac{m}{k}v-\dfrac{m(mg-B\rho g)}{k^2}\ln\dfrac{mg-B\rho g-kv}{mg-B\rho}.$

18. (1) $k=4.5\times10^6$ kg/h;(2) 能.

19. 32℃.

20. $T=15+\dfrac{10}{k}(1-\mathrm{e}^{-kt})$.

21. $T=20+17\mathrm{e}^{\left(-\frac{1}{2}\ln\frac{17}{15}\right)t}$,谋杀是上午 7∶31 发生的.

22. $u_C(t)=E(1-\mathrm{e}^{-\frac{t}{RC}})$.

23. $i=\mathrm{e}^{-5t}+\sqrt{2}\sin\left(5t-\dfrac{\pi}{4}\right)$(A).

24. $m(60)=\dfrac{10^5}{(100+t)^2}\Big|_{t=60}=\dfrac{10^3}{16^2}\approx3.91$(kg).

25. $180\ln\dfrac{4.32}{3.24-2.16}\approx249.53\approx250(\mathrm{m}^3)$.

26. $m(t)=4(1-\mathrm{e}^{-0.75t})$, $\lim\limits_{t\to+\infty}m(t)=4$.

27. $W(t)=40+(W_0-40)\mathrm{e}^{0.05t}$,

当 $W_0=30$, $W=40-10\mathrm{e}^{0.05t}$, $t=27.7$(年)时, $W=0$;

当 $W_0=40$, $W\equiv40$;

当 $W_0=50$, $W=40+10\mathrm{e}^{0.05t}$, $\lim\limits_{t\to\infty}W(t)=+\infty$.

28. $h^{\frac{5}{2}}=-\dfrac{2.325\sqrt{2g}}{\pi}t+10^{\frac{5}{2}}$,约 10(s).

29. $x=f(y)=\sqrt{\dfrac{\pi}{2}y}$.

30. $x=\dfrac{k}{a}\left(\dfrac{h}{2}y^2-\dfrac{1}{3}y^3\right)$.

第二章

习题 2-1

1. 略.

2. 略.

3. 到 x,y,z 轴的距离分别为 $\sqrt{34}$, $\sqrt{41}$, 5.

4. 略.

5. $\left(0,0,\dfrac{14}{9}\right)$.

6. $(0,1,-2)$.

习题 2-2

1. $\sqrt{129}$,7.

2. 略.

3. $\overrightarrow{AC}=\frac{3}{2}\boldsymbol{a}+\frac{1}{2}\boldsymbol{b},\overrightarrow{AD}=\boldsymbol{a}+\boldsymbol{b},\overrightarrow{AF}=-\frac{1}{2}\boldsymbol{a}+\frac{1}{2}\boldsymbol{b},\overrightarrow{CB}=-\frac{1}{2}\boldsymbol{a}-\frac{1}{2}\boldsymbol{b}$.

4. $(10,8,-5)$.

5. $\pm\frac{1}{11}\{6,7,-6\}$.

6. $\boldsymbol{d}=\{5,-4,-11\}$.

7. 略.

8. 13.

9. $\sqrt{30}$.

10. $M(-5,2,3)$.

11. $C(1,0,5),D(0,5,-3)$.

12. $\left(6,3,\frac{20}{3}\right)$.

13. $|\overrightarrow{MN}|=2,\cos\alpha=-\frac{1}{2},\cos\beta=-\frac{\sqrt{2}}{2},\cos\gamma=\frac{1}{2},\alpha=\frac{2\pi}{3},\beta=\frac{3\pi}{4}$,

$\gamma=\frac{\pi}{3}$.

14. $\alpha=\beta=\frac{\pi}{4},\gamma=\frac{\pi}{2}$ 或 $\alpha=\beta=\frac{\pi}{2},\gamma=\pi$.

15. $\boldsymbol{a}=\left\{\pm5,\frac{5}{\sqrt{2}},-\frac{5}{\sqrt{2}}\right\}$.

16. $\boldsymbol{a}=\pm\left\{\frac{5}{3},-\frac{35}{3},\frac{10}{3}\right\}$.

习题 2-3

1. (1) -9;(2) $\frac{3\pi}{4}$;(3) $-\frac{3}{\sqrt{2}}$.

2. $\frac{1}{\sqrt{3}}$.

3. $-600g$(J).

4. $2\sqrt{19}$.

5. 略.

6. $\left\{\frac{22}{7},\frac{3}{7},0\right\}$.

7. (1) $\lambda=2$;(2) $\lambda=-\frac{3}{38}$.

8. (1) $3\boldsymbol{i}-7\boldsymbol{j}-5\boldsymbol{k}$; (2) $42\boldsymbol{i}-98\boldsymbol{j}-70\boldsymbol{k}$; (3) $\boldsymbol{j}+2\boldsymbol{k}$.

9. $50\sqrt{2}$.

10. $\pm\frac{\sqrt{35}}{35}(-\boldsymbol{i}+3\boldsymbol{j}+5\boldsymbol{k})$.

11. 14.

12. -7.

13. $\frac{11}{6}$.

14. 略.

15. 略.

16. 4;证明略.

习题 2-4

1. $2x-2y+z-35=0$.

2. $x+y+z-2=0$.

3. $x-3y-2z=0$.

4. $x-y=0$.

5. $9y-z-2=0$.

6. $(1,-1,3)$.

7. 1.

8. $\frac{1}{3},\frac{2}{3},\frac{2}{3}$.

9. $x+5y-4z+1\pm 2\sqrt{42}=0$.

10. (1) 2; (2) 1; (3) $\pm\frac{\sqrt{70}}{2}$.

11. $(0,0,2)$或$\left(0,0,\frac{4}{5}\right)$.

12. $4x-y-2z-4=0$.

13. $x-2y-z+4=0$ 或 $x+z-6=0$.

14. (1) $5x+3y+2z=30$; (2) $6x+18y\pm z-12=0$.

习题 2-5

1. $\frac{x}{4}=y-4=\frac{z+1}{-3}$.

2. $\frac{x}{-1}=\frac{y+3}{3}=\frac{z-2}{1}$.

3. $\frac{x}{-2}=\frac{y-2}{3}=\frac{z-4}{1}$.

4. $\frac{x-2}{3}=\frac{y+3}{5}=\frac{z-4}{1}$.

5. $x-2=y-4=z+4$.

6. $(0,-4,1)$.

7. $7x+4y+2z-17=0$.

8. $16x-14y-11z-65=0$.

9. $22x-19y-18z-27=0$.

10. $x-y+z+3=0$.

11. $5x-y+z-3=0$.

12. 0.

13. $\dfrac{1}{2\sqrt{13}}$.

14. 略.

15. (1) 平行； (2) 垂直； (3) 直线在平面上.

16. $\begin{cases} y=22x+71 \\ z=2x-3 \end{cases}$.

17. $\dfrac{x-1}{1}=\dfrac{y-2}{2}=\dfrac{z-3}{-3}$.

18. $\lambda=\dfrac{5}{4}$.

19. $2y-z+4=0$.

习题 2-6

1. $\begin{cases} y^2+z^2=3^2 \\ x^2+z^2=2^2 \end{cases}$.

2. $x^2+y^2+z^2-3x-y+3z=0$.

3. 球心$(6,-2,3)$，$R=7$.

4. $\left(x-\dfrac{4}{9}\right)^2+\left(y+\dfrac{4}{9}\right)^2+\left(z-\dfrac{4}{9}\right)^2=\dfrac{16}{81}$.

5. 略.

6. (1) $4x^2+9y^2+9z^2=36$；(2) $4x^2+4z^2-9y^2=36$.

7. $\begin{cases} x^2+y^2-x-1=0 \\ z=0 \end{cases}$； $\begin{cases} z=x+1 \\ y=0 \end{cases}$； $\begin{cases} z^2+y^2-3z+1=0 \\ x=0 \end{cases}$.

8. $\begin{cases} 5x^2-3y^2=1 \\ z=0 \end{cases}$.

9. $3y^2-z^2=16$，$3x^2+2z^2=16$.

10. $\rho=2a\cos\theta$，$z=\dfrac{1}{a}\rho^2$，$\begin{cases} \rho=2a\cos\theta \\ \rho^2=az \end{cases}$.

11. $\varphi=\dfrac{\pi}{3}$，$r=\dfrac{1}{\cos\varphi}$，$\begin{cases} \varphi=\dfrac{\pi}{3} \\ r=2 \end{cases}$.

习题 2-7

略.

习题 2-8

1. $\{1,0,1\}$或$\left\{-\dfrac{1}{3},\dfrac{4}{3},-\dfrac{1}{3}\right\}$.

2. $-\dfrac{3}{2}$.

3. 4.

4. $\pm\left(\boldsymbol{b}-\dfrac{\boldsymbol{a}\cdot\boldsymbol{b}}{\boldsymbol{a}^2}\boldsymbol{a}\right)$.

5. $\boldsymbol{r}=\{14,10,2\}$.

6. $\left(0,0,\frac{1}{5}\right)$.

7. (1) $\frac{|\boldsymbol{a}\cdot\boldsymbol{b}|\,|\boldsymbol{a}\times\boldsymbol{b}|}{2\boldsymbol{b}^2}$； (2) $\theta=\frac{\pi}{4}$.

8. $(-9,-5,17)$.

9. $x+20y+7z-12=0$ 或 $x-z+4=0$.

10. $x+2y+1=0$.

11. $7x+14y+24=0$.

12. $2x+y+2z\pm2\sqrt[3]{3}=0$.

13. (1) $\left(-\frac{5}{3},\frac{2}{3},\frac{2}{3}\right)$； (2) $(-5,2,4)$.

14. $\frac{x+1}{16}=\frac{y}{19}=\frac{z-4}{28}$.

15. $\begin{cases}x^2+y^2=x+y\\ z=0\end{cases}$, $x^2+z^2+y^2=\pm\sqrt{x^2+z^2}+y$.

16. $\frac{x-2}{5}=\frac{y+1}{-3}=\frac{z-2}{5}$.

17. 略.

18. $\frac{2}{3}\sqrt{3}$.

19. 略.

20. 略.

21. $2x^2+2y^2+2z^2+x-29=0$.

参 考 文 献

[1] 毛京中.高等数学教程:上册[M].北京:高等教育出版社,2008.
[2] 毛京中.高等数学教程:下册[M].北京:高等教育出版社,2008.
[3] 孙兵,毛京中,朱国庆,等.工科数学分析:上册[M].北京:机械工业出版社,2018.
[4] 孙兵,毛京中,朱国庆,等.工科数学分析:下册[M].北京:机械工业出版社,2018.
[5] 同济大学数学教研室.高等数学:上册[M].4版.北京:高等教育出版社,1996.
[6] 同济大学数学教研室.高等数学:下册[M].4版.北京:高等教育出版社,1996.
[7] 王高雄,周之铭,朱思铭.常微分方程[M].3版.北京:高等教育出版社,2006.
[8] 吴光磊,丁石孙,姜伯驹,等.解析几何[M].2版.北京:高等教育出版社,2014.